数据库课程设计与开发实操(第二版)

Database Course Design and Development Practice (Second Edition)

主 编 刘福江
副主编 林伟华 郭 艳 王宪彬 成晓强
　　　 何珍文 邵燕林 尹 静 丁雪琪

内容简介

本书主要以方便初学者的使用为核心，由浅入深地引导读者循序渐进地掌握数据库编程技术。本书全面介绍了 Java、PHP 语言和 PostGIS、MySQL、SQL Server、Monogo DB 等数据库相结合的多种开发技术与方法，并给出应用实例。

本书共分两部分。第 1 部分为"数据库实验指导与示例"，分为"上篇 关系数据库实验""中篇 空间数据库实验"和"下篇 NoSQL 数据库实验"。其中，上篇包含 4 个数据库基础实验（包括数据库定义与基础操作、权限与安全及完整性语言、存储过程与触发器、性能优化及数据库备份与恢复）；中篇包含 3 个 PostGIS 基础实验（包括简单的 SQL 与几何图形练习、空间关系与空间连接实验、投影与地理实验）；下篇包含 3 个实验示例（包括 Redis 实验、MongoDB 实验、Redis＋MongoDB 综合示例实验）。第 2 部分为数据库课程设计方法与案例，包括病房管理系统、食堂订餐系统、秭归实习服务系统、野外核查工具和教务管理系统。书中所举实例，都是编者从多年积累的教学经验中精选出来的，具有很强的实用性和可操作性。

图书在版编目(CIP)数据

数据库课程设计与开发实操/刘福江主编；林伟华等副主编.—2版.—武汉：中国地质大学出版社，2023.2

ISBN 978-7-5625-5774-6

Ⅰ.①数… Ⅱ.①刘… ②林… Ⅲ.①数据库系统-课程设计 Ⅳ.①TP311.13-41

中国国家版本馆 CIP 数据核字(2024)第 025664 号

数据库课程设计与开发实操(第二版)	刘福江 主编
	林伟华 等副主编

责任编辑：舒立霞　　　选题策划：舒立霞　　　责任校对：徐蕾蕾

出版发行：中国地质大学出版社(武汉市洪山区鲁磨路388号)	邮编：430074
电　　话：(027)67883511　　传　　真：(027)67883580	E-mail:cbb@cug.edu.cn
经　　销：全国新华书店	http://cugp.cug.edu.cn
开本：787 毫米×1092 毫米 1/16	字数：454 千字　印张：17.75
版次：2023 年 2 月第 1 版	印次：2023 年 2 月第 1 次印刷
印刷：湖北睿智印务有限公司	
ISBN 978-7-5625-5774-6	定价：78.00 元

如有印装质量问题请与印刷厂联系调换

前　言

第一版说明

第一版是将 Java、PHP 语言和 MySQL、SQL Server 数据库相结合,并给出实际应用实例。

第一版共 4 篇 10 章,7 个基础实验。第一篇为数据库基础知识,主要包括数据库基础操作和数据库中易混淆的概念。第二篇为系统开发工具与环境配置,包括数据库管理系统、Web 服务器、应用开发语言、MySQL 图形化管理工具和常用开发框架。第三篇为数据库设计与开发实操,主要包括数据库设计概述、基本步骤和设计实例。第四篇为数据库实验指导,包含 7 个数据库基础实验(包括数据库定义与基础操作、权限与安全、完整性语言、存储过程、触发器、性能优化和数据库备份与恢复)。书中所举实例,都是编者从多年积累的教学经验中精选出来的,具有很强的实用性和可操作性。

第二版说明

数据库技术发展到今天可谓一日千里。

目前市面上关于数据库的书籍数不胜数,有的书籍过分强调理论部分,有的强调设计与实现,即便是关于数据库设计,有的书籍还没清楚需求就直接进入设计阶段内容,异或无法掌握数据库设计与实现全流程方法而盲目地开发出一个数据库系统。本书的最终目标是帮助读者利用 E-R 模型法,按照软件设计的思想一步一步引导读者独立完成一个项目,从而形成一个完整系统的思路,并掌握如何连接到 Web 服务端再到接口等一套完整的操作。

第一版已经在相关高校试用了 5 年,通过出版社调研和市场反馈,市场销量比较好,得到了师生的一致好评！第二版在第一版的基础上,将数据库实验指导与示例部分进行了精简和优化,删减了家庭理财系统案例,优化了病房管理系统案例和食堂订餐系统案例,新增了秭归实习服务系统案例、野外核查工具案例以及教务管理系统案例,其中食堂订餐系统已经演变成为"顿顿由你"点餐小程序,被多个校区应用于学校订餐服务(用户规模达到 4 万人,销售额达到上千万元),是一款非常接地气的应用系统。此外,新增的秭归实习服务系统已经上线并试用了 3 年,可帮助学生们更好地开展秭归实习活动,新增的野外核查工具在国家园林城市申报项目工作中得到了很好的应用。

作者在使用本书第一版的过程中,不断优化实验和系统案例,结合最新的教学大纲,先后开发了紧跟时代步伐的 10 个实验和 5 个系统案例,对关系型数据、空间数据库、时空数据库等课程的实践环节具有指导作用。

全书内容的编写分工如下,全书由中国地质大学(武汉)地理与信息工程学院刘福江副教授和计算机学院郭艳副教授统稿;上篇　关系数据库实验示例由中国地质大学(武汉)地理与信息工程学院林伟华副教授编写,中篇　空间数据库实验由航天宏图公司王宪彬总监编写,下篇　NoSQL 数据库实验示例由湖北大学资源环境学院成晓强和中国地质大学(武汉)计算机学院何珍文编写;长江大学地球科学学院邵燕林副教授、重庆理工大学计算机科学与工程学院尹静、海口经济学院数据科学与大数据技术专业丁雪琪老师等参与了资料收集和文稿录入、插图绘制等工作。此外,唐家玉、冯诗祥、李鹏、周季、张政、刘虹辰、刘昶伯等研究生,在助课过程中参与了本书中所有实验和案例的调试、验证和优化等工作。

本书在编写过程中引用和参阅了国内外学者的相关著作和论文,主要部分已列入书后的参考文献,在此表示诚挚的谢意。

由于编者水平有限,书中不妥和错漏之处在所难免,敬请专家和读者批评指正。

方法

通过上机实验,帮助学生迅速掌握 SQL 语法,巩固理论知识。因此,这门课需要通过上机实验来辅助学习,促进对理论知识的掌握,最终真正达到学为所用的目的。希望同学们充分利用实验条件,认真完成实验,从实验中得到应有的锻炼。

本书

本书选择的实验环境是 MySQL、PostgreSQL、SQL Server、PostGIS、PHP、Java、SQLite,涵盖了 10 个实验和系统案例共 20 个学时的实践内容,具体分为:数据库定义与基础操作(2 学时)、权限与安全及完整性语言(2 学时)、存储过程与触发器(2 学时)、性能优化及数据库备份与恢复(2 学时)、简单的 SQL 练习与几何图形练习(2 学时)、空间关系与空间连接实验(2 学时)、投影与地理实验(2 学时)、Redis 实验(2 学时)、MongoDB 实验(2 学时)、Redis＋MongoDB 综合示例实验(2 学时)。实验项目包含了对数据库原理的理解和运用,融合了实际的数据库编程技术,达到了理论与实践相结合、基础理解实验与综合设计实验相结合的不同层次的要求。

1. 从基础到实战,一步一个脚印

本书设计:基础实验＋案例设计,既符合循序渐进的学习规律,也力求贴近项目实战等实际应用。基础知识是必备内容,读者可以在基础实验中进一步巩固基础知识。在案例设计中,使用 Java、PHP、PostGIS 和 MySQL、SQLite、MongoDB、Redis 等当前较热的语言和数据库,让内容更加贴近实际应用,从而让读者在学习基础知识的同时,动手进行项目的开发,让读者对数据库设计有一个全面的认识。

2. 易学易用

颠覆传统的"看"书观念,使本书变成一本能"操作"的书。本书从数据库上机的基础性操作,再到实际应用的设计,循序渐进,易学易用,可帮助读者很好地掌握数据库设计。

3. 贴心周到

百度网盘含有本书设计的源代码和环境配置说明,以及数据库设计所需要用到的软件都打包放在百度网盘里(百度网盘链接:https://pan.baidu.com/s/1rWvw5FpcRzRc5GE5ka-vzw 提取码:9999),网盘链接扫描下载,以免读者走弯路。同时,为了进一步方便交流学习,读者可直接发送邮件到邮箱:liufujaing@cug.edu.cn。

网盘链接

致读者

  亲爱的读者,感谢你在茫茫书海中选择了这本书,希望它能架起你我之间学习、友谊的桥梁。**编者从事数据库教学 20 余年,发现目前市场上图书缺少对于深奥的理论知识的充分解释和实际案例,对于实际操作的解释也不够到位。因此,编者基于目前市场上的情况,紧跟数据库发展的趋势,特地编写此书。**

  希望这本书能够帮助你解决学习或设计数据库时遇到的一些问题。由于编者水平有限,难免有不足之处,敬请批评指正。

编著者

2023 年 1 月

目 录

第1部分 数据库实验指导与示例

上 篇 关系数据库实验（MySQL，PostgreSQL） …………………………………… （3）

实验1 数据库定义与基础操作 ……………………………………………………… （4）
    实验1.1 数据库定义实验 …………………………………………………… （4）
    实验1.2 数据库查询实验 …………………………………………………… （10）
    实验1.3 数据库更新实验 …………………………………………………… （22）

实验2 权限与安全及完整性语言 …………………………………………………… （29）
    实验2.1 权限与安全实验 …………………………………………………… （29）
    实验2.2 完整性语言实验 …………………………………………………… （31）

实验3 存储过程与触发器 …………………………………………………………… （36）
    实验3.1 存储过程实验 ……………………………………………………… （36）
    实验3.2 触发器实验 ………………………………………………………… （44）

实验4 性能优化及数据库备份与恢复 ……………………………………………… （49）
    实验4.1 数据库查询性能优化 ……………………………………………… （49）
    实验4.2 数据库结构优化 …………………………………………………… （54）
    实验4.3 数据库备份实验 …………………………………………………… （56）
    实验4.4 数据库恢复实验 …………………………………………………… （60）

中 篇 空间数据库实验（PostGIS） ………………………………………………… （61）

实验5 简单的SQL练习与几何图形实验 …………………………………………… （62）
实验6 空间关系与空间连接实验 …………………………………………………… （68）
实验7 投影与地理实验 ……………………………………………………………… （75）

下 篇 NoSQL数据库实验（Redis，MongoDB） …………………………………… （83）

实验8 Redis实验 …………………………………………………………………… （84）
    实验8.1 Redis基本知识 …………………………………………………… （84）

实验8.2　Redis 简单应用 ……………………………………………………………… (90)

实验9　MongoDB 实验 ……………………………………………………………………… (97)

　　实验9.1　MongoDB 基本知识 …………………………………………………………… (97)

　　实验9.2　MongoDB 简单应用 …………………………………………………………… (103)

实验10　Redis＋MongoDB 综合示例实验 ………………………………………………… (109)

第2部分　数据库课程设计方法与案例

系统案例1　病房管理系统（MySQL＋PHP） …………………………………………… (119)

　　1.1　需求分析 ……………………………………………………………………………… (119)

　　1.2　概念设计 ……………………………………………………………………………… (130)

　　1.3　逻辑结构设计 ………………………………………………………………………… (134)

　　1.4　物理设计 ……………………………………………………………………………… (139)

　　1.5　系统实施与系统维护 ………………………………………………………………… (145)

　　1.6　系统运行结果 ………………………………………………………………………… (146)

　　1.7　ThinkPHP 框架版本 ………………………………………………………………… (155)

系统案例2　食堂订餐系统（SQL Server＋Java） ……………………………………… (156)

　　2.1　需求分析 ……………………………………………………………………………… (156)

　　2.2　概念设计 ……………………………………………………………………………… (161)

　　2.3　逻辑结构设计 ………………………………………………………………………… (164)

　　2.4　物理设计 ……………………………………………………………………………… (165)

　　2.5　系统实施与系统维护 ………………………………………………………………… (168)

　　2.6　系统运行结果 ………………………………………………………………………… (168)

系统案例3　秭归实习服务系统（PostGIS＋GeoServer） ……………………………… (174)

　　3.1　需求分析 ……………………………………………………………………………… (174)

　　3.2　概念设计 ……………………………………………………………………………… (186)

　　3.3　逻辑结构设计 ………………………………………………………………………… (191)

　　3.4　物理设计 ……………………………………………………………………………… (197)

　　3.5　系统实施与系统维护 ………………………………………………………………… (200)

　　3.6　系统运行结果 ………………………………………………………………………… (204)

　　3.7　Qt C++开发框架 …………………………………………………………………… (207)

系统案例4　野外核查工具（微信小程序：PostgreSQL＋Java） ……………………… (208)

　　4.1　需求分析 ……………………………………………………………………………… (208)

　　4.2　概念设计 ……………………………………………………………………………… (216)

　　4.3　逻辑结构设计 ………………………………………………………………………… (221)

　　4.4　物理设计 ……………………………………………………………………………… (228)

　　4.5　系统实施与系统维护 ………………………………………………………………… (232)

  4.6 系统运行结果 ……………………………………………………………………（233）

系统案例 5 教务管理系统（MySQL＋JAVA） ………………………………………（239）

  5.1 需求分析 …………………………………………………………………………（239）

  5.2 概念设计 …………………………………………………………………………（249）

  5.3 逻辑结构设计 ……………………………………………………………………（253）

  5.4 物理设计 …………………………………………………………………………（259）

  5.5 系统实施与系统维护 ……………………………………………………………（263）

  5.6 系统运行结果 ……………………………………………………………………（264）

主要参考文献 ………………………………………………………………………………（273）

第1部分
数据库实验指导与示例

□ 上篇　关系数据库实验(MySQL,PostgreSQL)
□ 中篇　空间数据库实验(PostGIS)
□ 下篇　NoSQL数据库实验(Redis,MongoDB)

上 篇

关系数据库实验
(MySQL,PostgreSQL)

☐ 实验1　数据库定义与基础操作
☐ 实验2　权限与安全及完整性语言
☐ 实验3　存储过程与触发器
☐ 实验4　性能优化及数据库备份与恢复

实验 1 数据库定义与基础操作

数据库学习要了解数据库的定义及"增删改查"的基础操作,当前比较流行的数据库操作软件有 Workbench 和 Navicat,本篇对这两款数据库均有介绍。

本实验需要掌握的内容(请在已掌握的内容方框前面打钩)

☐ 数据库定义实验

☐ 数据库查询实验

☐ 数据库更新实验

实验 1.1 数据库定义实验

1. 实验目的和要求

(1)要求学生熟练掌握和使用 Workbench 或 Navicat 创建数据库、表、索引及修改表结构。

(2)理解和掌握 SQL 语句的语法,特别是各种参数的具体含义和使用方法。

(3)掌握 SQL 常见语法错误的调试方法。

2. 实验的重点和难点

实验重点:创建数据库,基本表。

实验难点:创建表时,判断主码、约束及列表值是否为空等操作。

3. 实验内容

(1)熟悉 Workbench 创建、修改和删除数据库等操作。

(2)熟悉 Workbench 创建数据表、主码、约束条件及为主码创建索引等操作。

4. 实验要求

(1)在 Workbench 中创建图书管理数据库。

(2)查看图书管理数据库的属性,并进行修改,使之符合要求。

(3)创建图书、读者和借阅 3 个表,并进行相关主键、非空、索引等操作,表结构如下:

图书(书号,类别,出版社,作者,书名,定价);

读者(编号,姓名,单位,性别,电话);

借阅(书号,读者编号,借阅日期)。

注:为各属性选择合适的数据类型,定义每个表的主码是否为空及默认值等约束条件。

5. 实验步骤

1）使用 Workbench

（1）创建图书管理数据库。

```
create database BOOK default character set utf8 collate utf8_general_ci;
```

注意：default character set utf8：数据库字符集。设置数据库的默认编码为 utf8，这里 utf8 中间不要"-"；collate utf8_general_ci；数据库校对规则。该部分设置数据库字符集格式，区分大小写。MySQL 在 Windows 中不区分大小写。所以为了兼容性，一般建议全部小写。

① 查看是否创建成功。

```
show databases;
```

Workbench 显示数据库，如图 1.1.1 所示。

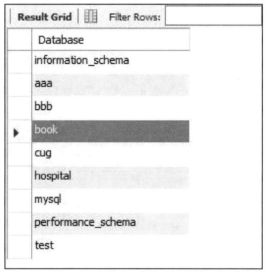

图 1.1.1 Workbench 显示数据库

② 修改图书管理数据库。

在视图左侧找到刚刚创建的数据库 BOOK，单击右键，选择"alter schema"。

在 Collation 中，设置字符集 utf8_general_ci，支持汉字字符集，防止乱码出现，如图 1.1.2 所示。

图 1.1.2 Workbench 修改数据库

③ 删除图书读者数据库。

在视图左侧找到刚刚创建的数据库 BOOK，单击右键，选择"Drop Schema"，如图 1.1.3 所示。

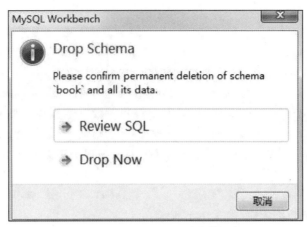

图 1.1.3 Workbench 删除数据库

(2)创建数据表。

选择 BOOK 数据库:

use BOOK;

或者在 Workbench 左侧找到 BOOK 数据库,右键选择【set as default schema】,数据表结构如表 1.1.1 所示。

表 1.1.1　图书管理数据库基本表结构和约束

基本表名	属性中文名	属性名	数据类型	长度	列级约束	表级约束
图书	书号	bookid	char	10	非空,唯一值	书号为主键
	类别	bookclass	char	15		
	出版社	publisher	char	30		
	作者	author	char	20	非空	
	书名	bookname	char	50		
	定价	price	float	10		
读者	编号	readerid	char	10	非空,唯一值	编号为主键
	姓名	name	char	20	非空	
	单位	company	char	40		
	性别	sex	enum	10	男、女	
	电话	tel	int	11		
借阅	书号	bookid	char	10	非空	读者编号为主键
	读者编号	readerid	char	10	非空,主键	
	借阅日期	time	date		非空	

在 Workbench 中实现创建表代码如下：
①创建图书表。
```
create table bookinfo(
bookid char(10) primary key,
bookclass char(15),
publisher char(30),
author char(20),
bookname char(50),
price float(10)
)DEFAULT CHARSET=utf8；
```
为了方便对图书进行查找，在主键书号上创建索引：
```
create index index_book_id on bookinfo(bookid);
```
②创建读者表。
```
create table reader(
readerid char(10) primary key,
name char(20) not null,
company char(40),
sex enum('男','女'),
tel int(11)
)DEFAULT CHARSET=utf8；
```
为了方便对读者信息进行查找、管理，对读者编号创建索引：
```
create index index_reader_id on reader(readerid);
```
③创建借阅表。
```
create table borrowinfo(
bookid char(10) not null,
readerid char(10) primary key not null,
time date
)DEFAULT CHARSET=utf8；
```
2）使用 Navicat
快捷键 F6 弹出命令界面。
(1)创建图书管理数据库。
```
create database BOOK default character set utf8 default collate utf8_general_ci;
```
Navicat 创建数据库，如图 1.1.4 所示。
①查看是否创建成功。
```
show databases;
```
Navicat 显示数据库，如图 1.1.5 所示。
②修改图书读者数据库。
右键选择【数据库属性】，对字符集和排序规则进行修改，将排序规则选择为 utf8_general_ci，防止乱码出现。具体设置如图 1.1.6 所示。
③删除图书读者数据库。
```
drop database BOOK;
```

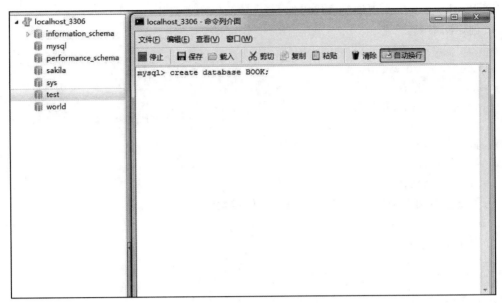

图 1.1.4　Navicat 创建数据库

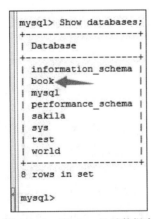

图 1.1.5　Navicat 显示数据库

图 1.1.6　Navicat 修改数据库

（2）创建数据表。

在 Navicat 中实现创建图书表、读者表、借阅表。

①创建图书表。

```
use BOOK;      //选择创建的 BOOK 数据库
create table bookinfo(
bookid   char(10)   primary key,
bookclass char(15),
publisher char(30),
```

```
author char(20),
bookname char(50),
price float(10)
);
```
为了方便对图书进行查找,在主键书号上创建索引:
```
create index index_book_id on bookinfo(bookid);
```
②创建读者表。
```
create table reader(
readerid char(10) primary key,
name char(20) not null,
company char(40),
sex enum('男','女'),
tel int(11)
);
```
为了方便对读者信息进行查找、管理,在读者编号创建索引:
```
create index index_reader_id on reader(readerid);
```
③创建借阅表。
```
create table borrowinfo(
bookid char(10) not null,
readerid char(10) primary key not null,
time date
);
```
查看图书表是否创建成功:
```
desc bookinfo;
```
Navicat 创建图书表成功,如图 1.1.7 所示。

```
mysql> desc bookinfo;
+-----------+----------+------+-----+---------+-------+
| Field     | Type     | Null | Key | Default | Extra |
+-----------+----------+------+-----+---------+-------+
| bookid    | char(10) | NO   | PRI | NULL    |       |
| bookclass | char(15) | YES  |     | NULL    |       |
| publisher | char(30) | YES  |     | NULL    |       |
| author    | char(20) | YES  |     | NULL    |       |
| bookname  | char(50) | YES  |     | NULL    |       |
| price     | float    | YES  |     | NULL    |       |
+-----------+----------+------+-----+---------+-------+
6 rows in set
```

图 1.1.7 Navicat 创建图书表成功

查看读者表、借阅表是否创建成功:
```
desc reader;
desc borrowinfo;
```

实验 1.2　数据库查询实验

1. 实验目的和要求

(1)了解 select 语句作用。

(2)熟练运用并掌握 select 语句。

(3)熟练掌握简单表的数据查询、数据排序及数据连接查询语句。

2. 实验内容

了解 SQL 语句程序设计基本规范,熟练运用 SQL 语句实现基本查询,包括单表查询、分组查询、连接查询和视图查询。

1)使用 Workbench

(1)单表查询。

在 Workbench 中创建考试信息表(在此之前,需选择 BOOK 数据库)。

```
create table examinfo(
id int(10) primary key not null,
name char(10),
expense float(10),
subject char(10),
tel int(11)
)DEFAULT CHARSET=utf8;
```

①查看 examinfo 表。

```
describe examinfo;
```

Workbench 显示数据表,如图 1.1.8 所示。

Field	Type	Null	Key	Default	Extra
id	int(10)	YES		NULL	
name	varchar(10)	YES		NULL	
expense	float	YES		NULL	
subject	varchar(10)	YES		NULL	
tel	int(10)	YES		NULL	

图 1.1.8　Workbench 显示数据表

②查询 examinfo 表中的全部数据。

```
select * from examinfo;
```

Workbench 查询表中的全部数据,如图 1.1.9 所示。

③查询指定字段。

```
select name,subject from examinfo;
```

Workbench 查询指定字段数据,如图 1.1.10 所示。

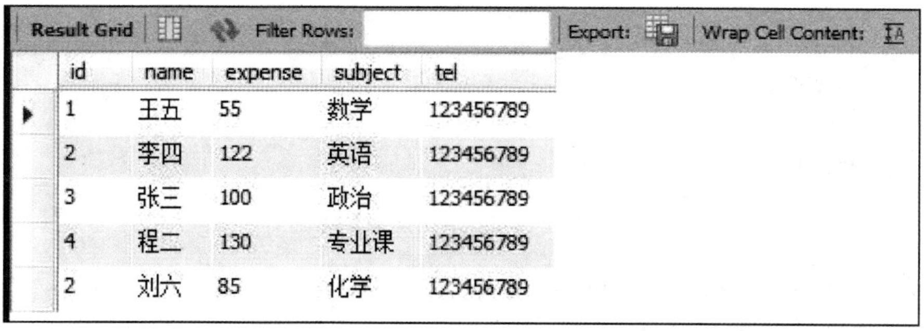

Result Grid　Filter Rows:　Export:　Wrap Cell Content:

id	name	expense	subject	tel
1	王五	55	数学	123456789
2	李四	122	英语	123456789
3	张三	100	政治	123456789
4	程二	130	专业课	123456789
2	刘六	85	化学	123456789

图 1.1.9　Workbench 查询表中的全部数据

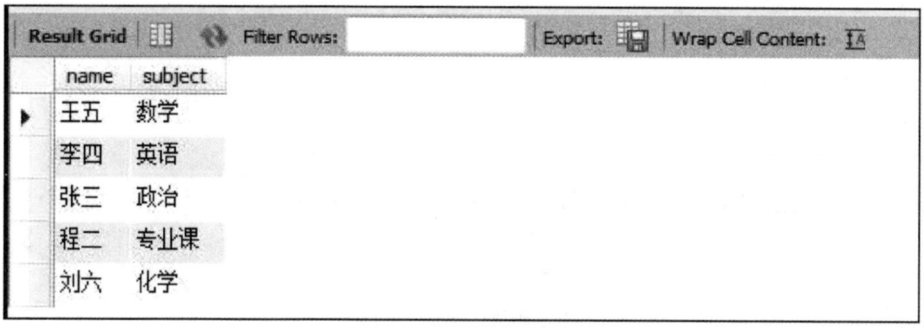

Result Grid　Filter Rows:　Export:　Wrap Cell Content:

name	subject
王五	数学
李四	英语
张三	政治
程二	专业课
刘六	化学

图 1.1.10　Workbench 查询指定字段数据

④查询结果排序。

```
select * from examinfo order by expense desc;
```

⑤查询表中某列,并修改该列的名称。

```
select name as '姓名',expense as '报名费用'from examinfo;
```

Workbench 使用别名查询,如图 1.1.11 所示。

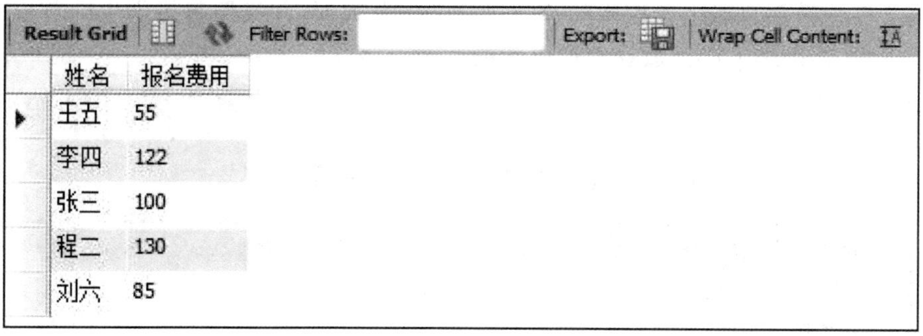

Result Grid　Filter Rows:　Export:　Wrap Cell Content:

姓名	报名费用
王五	55
李四	122
张三	100
程二	130
刘六	85

图 1.1.11　Workbench 使用别名查询

⑥单一条件查询。

```
select subject from examinfo where expense> 100;
```

单一条件查询,如图 1.1.12 所示。

(2)分组查询(以学生成绩信息表为例)。

①单列分组查询。

在 Workbench 中创建学生成绩信息表(在此之前,需选择 BOOK 数据库)。

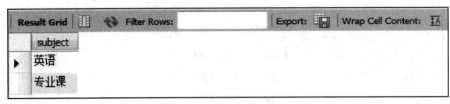

图 1.1.12 单一条件查询

创建学生成绩信息表 studentinfo：
```
create table studentinfo(
id int(8) primary key,
name char(10),
subject char(20),
teacher char(20),
score char(10)
)DEFAULT CHARSET=utf8;
```
查询学生成绩信息表，计算数据库设计考试的平均成绩。
```
select subject,AVG(score) from studentinfo group by subject having subject='数据库设计';
```
Workbench 使用 having 查询结果，如图 1.1.13 所示。

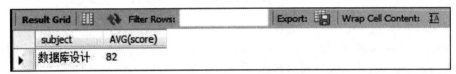

图 1.1.13 Workbench 使用 having 查询结果

②多列分组查询。

查询学生成绩信息表中任课教师及其对应学生总成绩，并按照每组学生的总成绩进行降序排列。注意：order by 必须放在查询语句的后面。
```
select teacher ,sum(score) from studentinfo group by teacher order by sum(score) DESC;
```
Workbench 使用 order by 查询结果，如图 1.1.14 所示。

teacher	sum(score)
陈老师	170
王老师	85
李老师	83
朱老师	79

图 1.1.14 Workbench 使用 order by 查询结果

(3)连接查询。

①等值连接。

等值连接就是将多个表之间的相同字段作为条件进行数据查询,因此需创建多个表进行实验。这里以创建学生信息表、教师信息表和科目信息表为例进行实验。

a. 创建学生信息表 student:

```
create table student(
id int(8) primary key,
name varchar(10),
score varchar(10),
subjectid int(8),
teacherid int(8)
)DEFAULT CHARSET=utf8;
```

b. 创建教师信息表 teacher:

```
create table teacher(
id int(8),
teachername varchar(20)
)DEFAULT CHARSET=utf8;
```

c. 创建科目信息表 subject:

```
create table subject(
id int(8),
subjectname varchar(20)
)DEFAULT CHARSET=utf8;
```

通过学生信息表、教师信息表和科目信息表查询每名学生参加的考试科目名称、该科目的授课教师名称:

```
select student.name,teacher.teachername,subject.subjectname
from student,teacher,subject
where student.teacherid=teacher.id and student.subjectid=subject.id;
```

②外连接。

a. 使用左外连接(left outer join):

```
select student.name,subject.subjectname from student left outer join subject on student.subjectid=subject.id;
```

Workbench 使用左外连接查询结果,如图 1.1.15 所示。

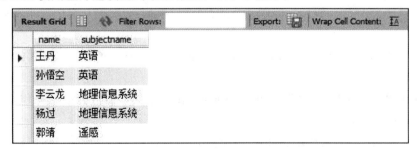

图 1.1.15　Workbench 使用左外连接查询结果

b. 使用右外连接(right outer on)：

```
select student.name,subject.subjectname from student right outer join subject on student.subjectid=subject.id;
```

Workbench 使用右外连接查询结果,如图 1.1.16 所示。

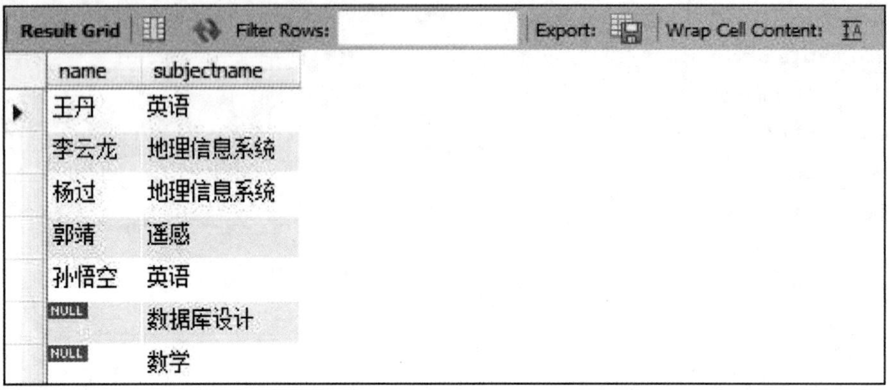

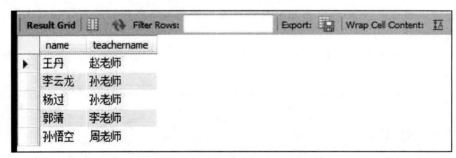

图 1.1.16　Workbench 使用右外连接查询结果

③内连接(inner join)。

使用内连接查询学生成绩信息表和教师信息表,查询结果显示学生姓名和任课教师姓名。

```
select student.name,teacher.teachername from student inner join teacher on student.teacherid=teacher.id;
```

Workbench 使用内连接查询结果,如图 1.1.17 所示。

图 1.1.17　Workbench 使用内连接查询结果

(4)视图查询。

创建产品表(product)和购买记录表(purchase),再创建视图(purchase_detail)查询购买详细信息。

这里主要介绍使用 Navicat 图形界面进行操作,操作步骤如下。

①产品表(product)。

单击视图菜单栏中【新建表】,弹出如下页面,在弹出的界面进行视图操作,如图 1.1.18 所示。

当第一个字段属性设置好之后,单击添加栏位,继续进行下面字段属性的设置,如图 1.1.19 所示。

图 1.1.18　Navicat 图形界面建表

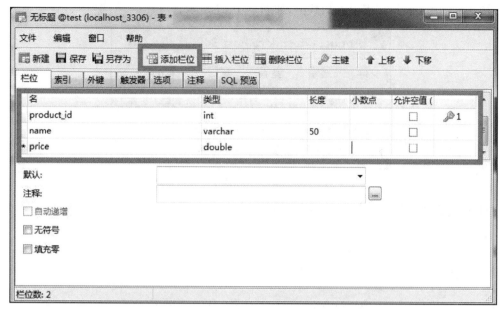

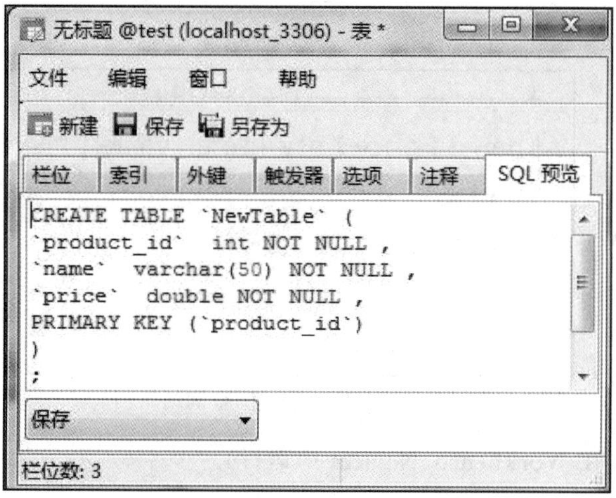

图 1.1.19　Navicat SQL 语句预览图

点击 SQL 预览标签，可看到自动生成的代码，点击保存之后，修改数据表名，如图 1.1.20 所示。

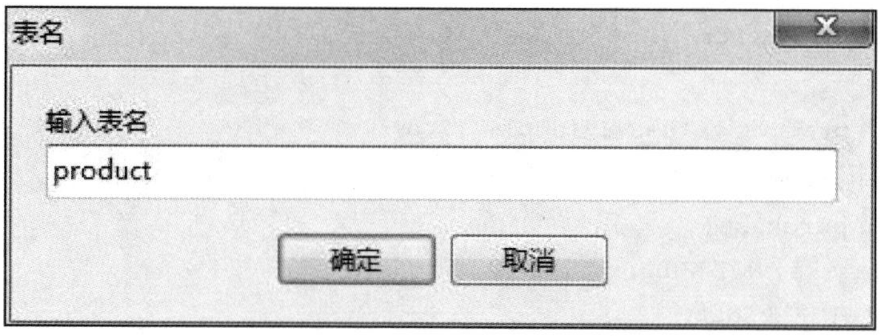

图 1.1.20　Navicat 修改数据表名

打开表(product),在表中添加数据,如图 1.1.21 所示。

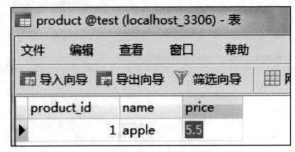

图 1.1.21　Navicat 数据表中插入数据

同理,创建购买记录表(purchase)。
②创建视图。
create view purchase_detail AS
select product.name as name,product .price as price,
purchase.qty as qty,
product .price * purchase.qty as total_value from product,
purchase where product.product_id=purchase.product_id;
创建成功后,输入:select * from purchase_detail;
运行效果如图 1.1.22 所示。

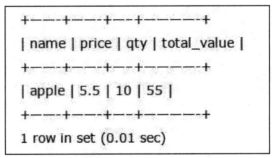

图 1.1.22　Navicat 视图查询结果图

附代码:(可直接在 Workbench、Navicat 中运行)
①创建产品表。
create table product(
product_id INT primary key NOT NULL,
name VARCHAR(50) NOT NULL,
price DOUBLE() NOT NULL
)default charset=utf8;
插入数据。
insert into product values(1,'apple',5.5);
②创建购买记录表。
create table purchase(
id INT primary key NOT NULL,
product_id INT NOT NULL,
qty INT NOT NULL DEFAULT 0,

```
gen_time DATETIME NOT NULL
)default charset=utf8;
```
插入数据。
```
insert into purchase values(1,1,10,NOW());
```
③创建视图。
```
create view purchase_detail AS
select product.name as name,product.price as price,
purchase.qty as qty,
product.price * purchase.qty as total_value from product,
purchase where product.product_id=purchase.product_id;
```
创建成功后,输入:
```
select * from purchase_detail;
```
在 Workbench 中运行结果如图 1.1.23 所示。

图 1.1.23　Workbench 视图查询结果图

2)使用 Navicat

(1)单表查询。

①创建考试信息表(examinfo)。
```
create table examinfo(
id int(10) primary key,
name varchar(10),
expense float(10),
subject varchar(10),
tel int(10)
);
```
②查看 examinfo 表。
```
desc examinfo;
```
Navicat 显示数据表结果,如图 1.1.24 所示。

```
mysql> desc examinfo;
+---------+-------------+------+-----+---------+-------+
| Field   | Type        | Null | Key | Default | Extra |
+---------+-------------+------+-----+---------+-------+
| id      | int(10)     | YES  |     | NULL    |       |
| name    | varchar(10) | YES  |     | NULL    |       |
| expense | float       | YES  |     | NULL    |       |
| subject | varchar(10) | YES  |     | NULL    |       |
| tel     | int(10)     | YES  |     | NULL    |       |
+---------+-------------+------+-----+---------+-------+
5 rows in set
```

图 1.1.24　Navicat 显示数据表结果

③查询 examinfo 表中全部数据。

```
select * from examinfo;
```

Navicat 显示查询全部表数据，如图 1.1.25 所示。

```
mysql> select *from examinfo;
+----+------+---------+--------+-----------+
| id | name | expense | subject| tel       |
+----+------+---------+--------+-----------+
|  1 | 王五 |      55 | 数学   | 123456789 |
|  2 | 李四 |      55 | 英语   | 123456789 |
|  3 | 张三 |     100 | 政治   | 123456789 |
|  4 | 程二 |     130 | 专业课 | 123456789 |
|  5 | 刘六 |      85 | 化学   | 123456789 |
+----+------+---------+--------+-----------+
5 rows in set
```

图 1.1.25　Navicat 显示查询全部表数据

④查询指定字段。

```
select name ,subject from examinfo;
```

Navicat 显示查询指定字段数据，如图 1.1.26 所示。

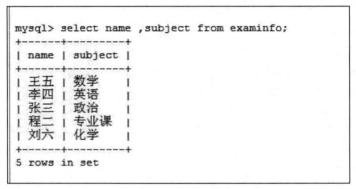

```
mysql> select name ,subject from examinfo;
+------+---------+
| name | subject |
+------+---------+
| 王五 | 数学    |
| 李四 | 英语    |
| 张三 | 政治    |
| 程二 | 专业课  |
| 刘六 | 化学    |
+------+---------+
5 rows in set
```

图 1.1.26　Navicat 显示查询指定字段数据

⑤查询结果排序。

```
select * from examinfo order by expense desc;
```

Navicat 使用 order by 查询表数据，如图 1.1.27 所示。

⑥查询表中某列，并起别名。

```
select name as '姓名',expense as '报名费用'from examinfo;
```

Navicat 修改列名结果，如图 1.1.28 所示。

⑦单一条件查询。

```
select subject from examinfo where expense> 100;
```

Navicat 单一条件查询结果，如图 1.1.29 所示。

第 1 部分　数据库实验指导与示例

```
mysql> select *from examinfo order by expense desc;
+----+------+---------+---------+-----------+
| id | name | expense | subject | tel       |
+----+------+---------+---------+-----------+
|  4 | 程二 |     130 | 专业课  | 123456789 |
|  3 | 张三 |     100 | 政治    | 123456789 |
|  5 | 刘六 |      85 | 化学    | 123456789 |
|  1 | 王五 |      55 | 数学    | 123456789 |
|  2 | 李四 |      55 | 英语    | 123456789 |
+----+------+---------+---------+-----------+
5 rows in set
```

图 1.1.27　Navicat 使用 order by 查询表数据

```
mysql> select name as '姓名',expense as '报名费用'from examinfo;
+------+----------+
| 姓名 | 报名费用 |
+------+----------+
| 王五 |       55 |
| 李四 |       55 |
| 张三 |      100 |
| 程二 |      130 |
| 刘六 |       85 |
+------+----------+
5 rows in set
```

图 1.1.28　Navicat 修改列名结果

```
mysql> select subject from examinfo where expense>100;
+---------+
| subject |
+---------+
| 专业课  |
+---------+
1 row in set
```

图 1.1.29　Navicat 单一条件查询结果

(2)分组查询(以学生成绩信息表为例)。

①单列分组查询。

在 Navicat 中创建学生成绩信息表(在此之前,需选择 BOOK 数据库)。

创建学生成绩信息表 studentinfo：

```
create table studentinfo(
id int(8) primary key,
name char(10),
subject char(20),
teacher char(20),
score char(10)
)DEFAULT CHARSET=utf8;
```

查询学生信息表,得出数据库设计考试的平均成绩。

select subject,AVG(score) from studentinfo group by subject having subject='数据库设计';

Navicat 使用 having 查询结果,如图 1.1.30 所示。

```
mysql> select subject,AVG(score) from studentinfo group by subject having subject='数据库设计
';
+-----------+-----------+
| subject   | AVG(score)|
+-----------+-----------+
| 数据库设计 | 85.0000   |
+-----------+-----------+
1 row in set
```

图 1.1.30　Navicat 使用 having 查询结果

②多列分组查询。

查询学生成绩信息表中任课教师及其对应学生总成绩,并按照每组学生的总成绩进行降序排列。注意:order by 必须放在查询语句的后面。

select teacher,sum(score) from studentinfo group by teacher order by sum(score) DESC;

Navicat 使用 order by 查询结果,如图 1.1.31 所示。

```
mysql> select teacher,sum(score) from studentinfo group by teacher order by sum
(score) DESC;
+---------+-----------+
| teacher | sum(score)|
+---------+-----------+
| 陈老师  | 170       |
| 王老师  | 85        |
| 李老师  | 83        |
| 朱老师  | 79        |
+---------+-----------+
4 rows in set
```

图 1.1.31　Navicat 使用 order by 查询结果

(3)连接查询。

①等值连接。

在 Navicat 中,分别创建学生信息表(student)、教师信息表(teacher)、科目信息表(subject),语句同 Workbench。

通过学生信息表、教师信息表和科目信息表,查询每名学生参加的考试科目名称及授课教师名称。

select name,teachername,subjectname from student,teacher,subject where student.teacherid=teacher.id and student.subjectid=subject.id;

Navicat 使用等值连接查询结果,如图 1.1.32 所示。

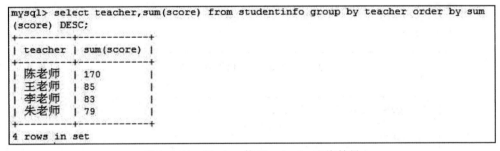

图 1.1.32　Navicat 使用等值连接查询结果

②外连接。

a. 使用左外连接(left outer join)。

select student.name,subject.subjectname from student left outer join subject on student.subjectid=subject.id;

Navicat 使用左外连接查询结果，如图 1.1.33 所示。

```
mysql> select student.name,subject.subjectname from student left outer join subject on student.subjectid=subject.id ;
+--------+--------------+
| name   | subjectname  |
+--------+--------------+
| 杨姗姗 | 英语         |
| 张丹   | 英语         |
| 陈赫   | 数据库设计   |
| 李斌   | 数据库设计   |
| 程帅   | 计算机基础   |
+--------+--------------+
5 rows in set
```

图 1.1.33　Navicat 使用左外连接查询结果

b. 使用右外连接(right outer join)。

select student.name,subject.subjectname from student right outer join subject on student.subjectid=subject.id;

Navicat 使用右外连接查询结果，如图 1.1.34 所示。

```
mysql> select student.name,subject.subjectname from student right outer join subject on student.subjectid=subject.id ;
+--------+--------------+
| name   | subjectname  |
+--------+--------------+
| 杨姗姗 | 英语         |
| 陈赫   | 数据库设计   |
| 李斌   | 数据库设计   |
| 程帅   | 计算机基础   |
| 张丹   | 英语         |
| NULL   | 数据库技术   |
| NULL   | 高数         |
+--------+--------------+
7 rows in set
```

图 1.1.34　Navicat 使用右外连接查询结果

③内连接(inner join)。

使用内连接查询学生成绩信息表和教师信息表，查询结果显示学生姓名和任课教师姓名。

select student.name,teacher.teachername from student inner join teacher on student.teacherid=teacher.id;

Navicat 使用内连接查询结果，如图 1.1.35 所示。

```
mysql> select student.name,teacher.teachername from student inner join teacher on student.teacherid=teacher.id;
+--------+-------------+
| name   | teachername |
+--------+-------------+
| 杨姗姗 | 王老师      |
| 陈赫   | 张老师      |
| 李斌   | 张老师      |
| 程帅   | 秦老师      |
| 张丹   | 吴老师      |
+--------+-------------+
5 rows in set
```

图 1.1.35　Navicat 使用内连接查询结果

实验 1.3　数据库更新实验

1. 实验目的和要求

掌握数据库、数据表的数据更新操作，熟练运用 SQL 语句对数据库进行数据插入、修改、删除的操作。

2. 实验内容

(1)在实验 1.2 的基础上，分别在学生信息表、教师信息表、科目信息表表中练习添加、修改、删除数据操作。

(2)在学生信息表中插入某个学生的特定信息(如：学号为“20160201”，姓名为“张三”，成绩待定)。

(3)在教师信息表中，删除学号为 1 的记录。

(4)在科目信息表中，将科目为“数据库设计”的改为“遥感”。

(5)在学生成绩信息表中，将科目为英语的成绩增加 10 分。

3. 实验步骤及程序编写

1)使用 Workbench

(1)在实验 1.2 的基础上，分别在学生信息表、教师信息表、科目信息表中练习添加、修改、删除数据操作。

```
insert into student values(8,'周云',78,'2','1');
insert into student values(7,'李涛',98,'3','2');
```

Workbench 插入成功图如图 1.1.36 所示。

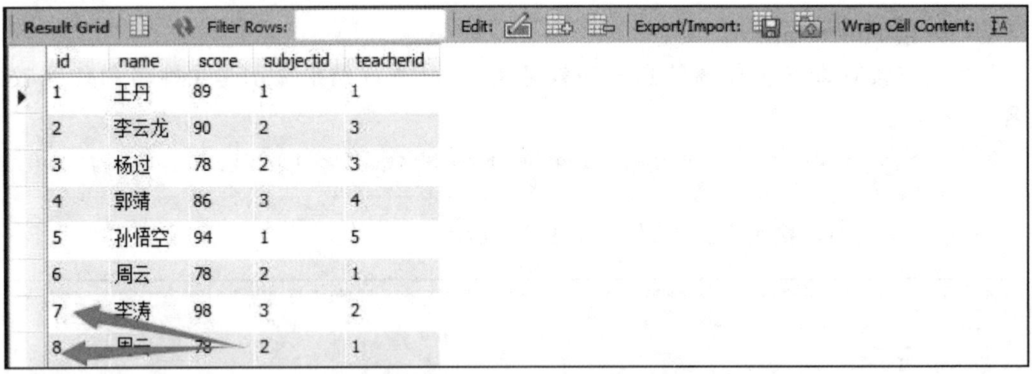

id	name	score	subjectid	teacherid
1	王丹	89	1	1
2	李云龙	90	2	3
3	杨过	78	2	3
4	郭靖	86	3	4
5	孙悟空	94	1	5
6	周云	78	2	1
7	李涛	98	3	2
8	周云	78	2	1

图 1.1.36　Workbench 插入成功图

将“王丹”记录所在行改名为“张大大”：

```
update student set name='张大大' where name='王丹';
```

Workbench 修改成功图如图 1.1.37 所示。

删除成绩为 78 的记录：

```
delete from student where score=78;
```

id	name	score	subjectid	teacherid
1	张大大	89	1	1
2	李云龙	90	2	3
3	杨过	78	2	3
4	郭靖	86	3	4
5	孙悟空	94	1	5
6	周云	78	2	1

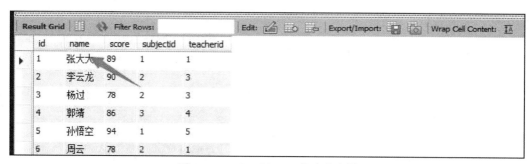

图 1.1.37　Workbench 修改成功图

注意：在 Workbench 中输入以上代码时，如出现 Error Code：1175. You are using safe update mode and you tried to update a table without a WHERE that uses a KEY column to disable safe mode，toggle the option in Preferences，则说明此时 MySQL 运行在 safe-updates 模式下，该模式会导致非主键条件下无法执行 update 或者 delete 命令，解决方法：输入 SET SQL_SAFE_UPDATES=0；即可。

Workbench 删除成功图如图 1.1.38 所示。

id	name	score	subjectid	teacherid
1	张大大	89	1	1
2	李云龙	90	2	3
4	郭靖	86	3	4
5	孙悟空	94	1	5
7	李涛	98	3	2

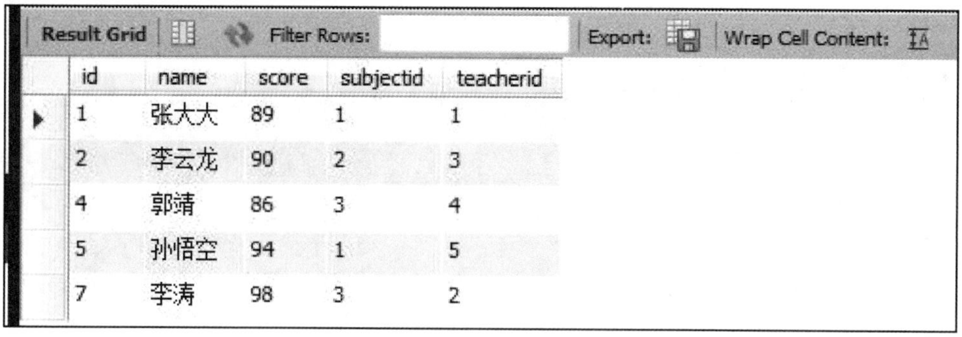

图 1.1.38　Workbench 删除成功图

（2）在学生信息表中插入某个学生的特定信息（如：学号为“20160201”，姓名为“张三”，成绩待定）。

```
insert into student(id,name,score)values(20160201,'张三',null);
```

Workbench 插入特定信息，如图 1.1.39 所示。

id	name	score	subjectid	teacherid
1	张大大	89	1	1
2	李云龙	90	2	3
4	郭靖	86	3	4
5	孙悟空	94	1	5
7	李涛	98	3	2
20160201	张三	NULL	NULL	NULL

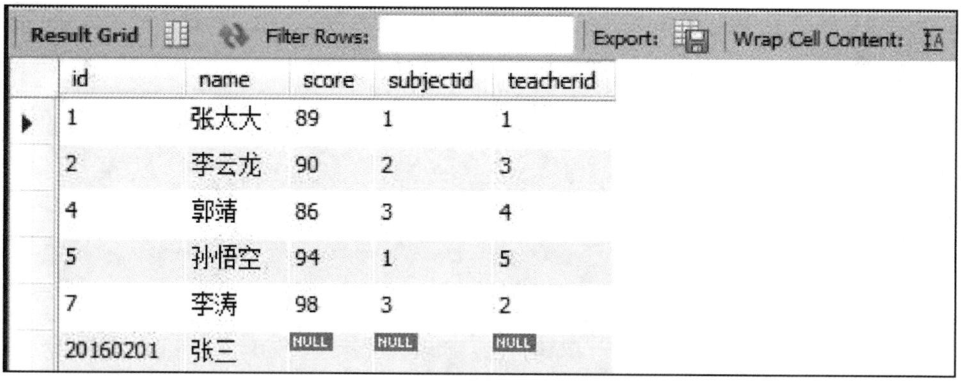

图 1.1.39　Workbench 插入特定信息

(3)在教师信息表中,删除学号为 1 的记录。
```
delete from teacher where id=1;
```
(4)在科目信息表中,将科目为"数据库设计"的改为"遥感"。
查看科目信息表:
```
select * from subject;
```
Workbench 科目信息图如图 1.1.40 所示。

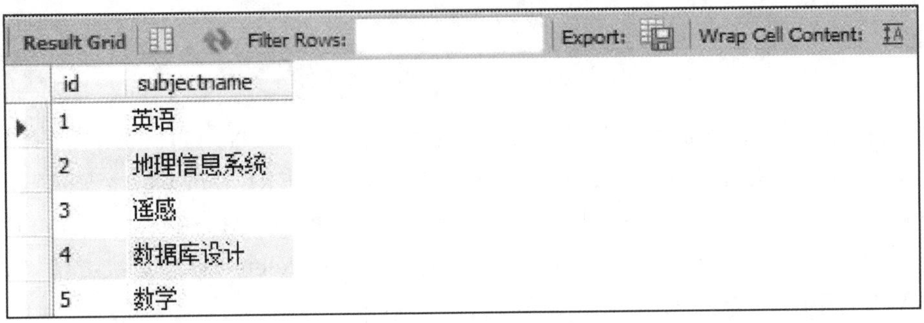

图 1.1.40　Workbench 科目信息图

将科目"数据库设计"改为"遥感":
```
upadate subject set subjectname='遥感' where subjectname='数据库设计';
```
Workbench 修改科目信息图如图 1.1.41 所示。

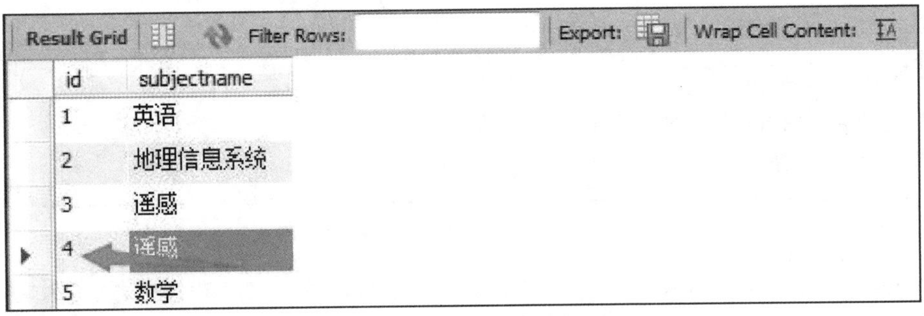

图 1.1.41　Workbench 修改科目信息图

(5)在学生成绩信息表中,将科目为英语的成绩增加 10 分。
Workbench 修改前学生信息图如图 1.1.42 所示。

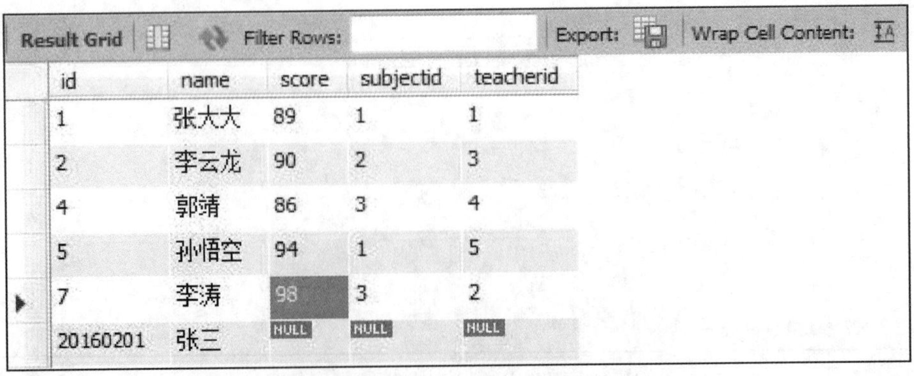

图 1.1.42　Workbench 修改前学生信息图

```
update student set score=score+10 where subjectid=1;
```
Workbench 修改后学生信息图如图 1.1.43 所示。

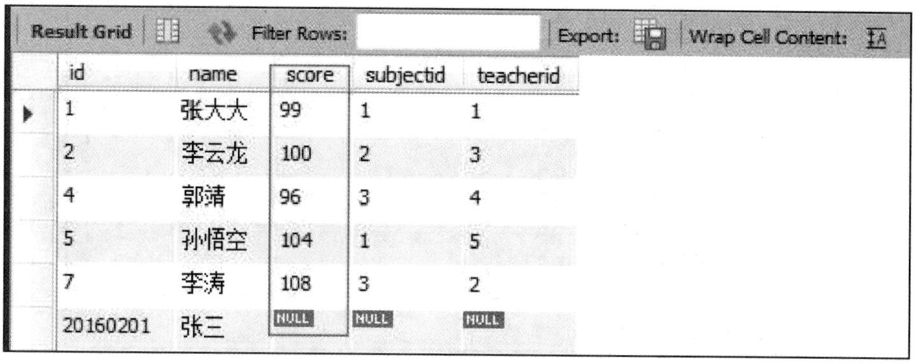

图 1.1.43　Workbench 修改后学生信息图

2）使用 Navicat

（1）在实验 1.2 的基础上，分别在学生信息表、教师信息表、科目信息表中练习添加、修改、删除数据操作。

```
insert into student values(6,'陈冉冉',99,1,1);
insert into student values(7,'王芸',98,1,5);
```

查看插入结果：

```
select * from student;
```

Navicat 插入成功图如图 1.1.44 所示。

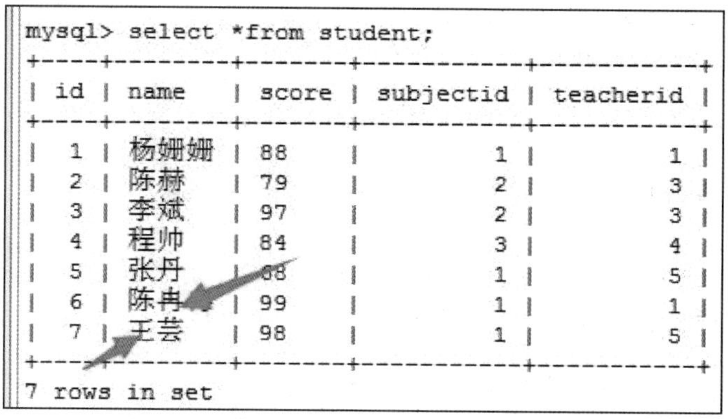

图 1.1.44　Navicat 插入成功图

将"王芸"记录所在行改名为"李云龙"：

```
update student set name='李云龙' where name='王芸';
```

Navicat 修改成功图如图 1.1.45 所示。

删除成绩为 88 的记录：

```
delete from student where score=88;
```

Navicat 删除成功图如图 1.1.46 所示。

此时，id＝1 的那条记录就被删除了。

```
mysql> select *from student;
+----+--------+-------+----------+----------+
| id | name   | score | subjectid | teacherid |
+----+--------+-------+----------+----------+
|  1 | 杨姗姗 |    88 |        1 |        1 |
|  2 | 陈赫   |    79 |        2 |        3 |
|  3 | 李斌   |    97 |        2 |        3 |
|  4 | 程帅   |    84 |        3 |        4 |
|  5 | 张丹   |    68 |        1 |        5 |
|  6 | 陈冉冉 |    99 |        1 |        1 |
|  7 | 李云龙 |    98 |        1 |        5 |
+----+--------+-------+----------+----------+
7 rows in set
```

图 1.1.45　Navicat 修改成功图

```
mysql> select *from student;
+----+--------+-------+----------+----------+
| id | name   | score | subjectid | teacherid |
+----+--------+-------+----------+----------+
|  2 | 陈赫   |    79 |        2 |        3 |
|  3 | 李斌   |    97 |        2 |        3 |
|  4 | 程帅   |    84 |        3 |        4 |
|  5 | 张丹   |    68 |        1 |        5 |
|  6 | 陈冉冉 |    99 |        1 |        1 |
|  7 | 李云龙 |    98 |        1 |        5 |
+----+--------+-------+----------+----------+
6 rows in set
```

图 1.1.46　Navicat 删除成功图

(2)在学生信息表中插入某个学生的特定信息(如:学号为"20160201",姓名为"张三",成绩待定)。

```
insert into student(id,name,score)values(20160201,'张三',null);
```

Navicat 插入特定信息,如图 1.1.47 所示。

```
mysql> select *from student;
+----------+--------+-------+----------+----------+
| id       | name   | score | subjectid | teacherid |
+----------+--------+-------+----------+----------+
|        2 | 陈赫   |    79 |        2 |        3 |
|        3 | 李斌   |    97 |        2 |        3 |
|        4 | 程帅   |    84 |        3 |        4 |
|        5 | 张丹   |    68 |        1 |        5 |
|        6 | 陈冉冉 |    99 |        1 |        1 |
|        7 | 李云龙 |    98 |        1 |        5 |
| 20160201 | 张三   |  NULL |     NULL |     NULL |
+----------+--------+-------+----------+----------+
7 rows in set
```

图 1.1.47　Navicat 插入特定信息

(3)在教师信息表中,删除学号为 1 的记录。
delete from teacher where id=1;
(4)在科目信息表中,将科目为"数据库设计"的改为"遥感"。
查看科目信息表:
select *from subject;
科目信息图如图 1.1.48 所示。

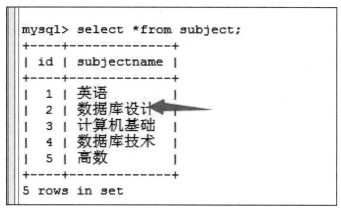

图 1.1.48　科目信息图

将科目"数据库设计"改为"遥感":
upadate subject set subjectname='遥感' where subjectname='数据库设计';
Navicat 修改科目信息图如图 1.1.49 所示。

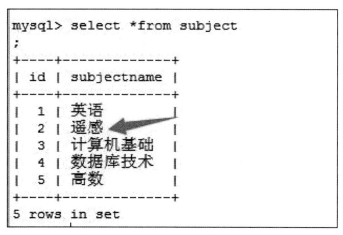

图 1.1.49　Navicat 修改科目信息图

(5)在学生成绩信息表中,将科目为英语的成绩增加 10 分。
update student set score=score+10 where subjectid=1;
Navicat 修改后科目信息图如图 1.1.50 所示。

```
mysql> select *from student;
+----------+--------+-------+-----------+-----------+
| id       | name   | score | subjectid | teacherid |
+----------+--------+-------+-----------+-----------+
|        2 | 陈赫   |    89 |         2 |         3 |
|        3 | 李斌   |   107 |         2 |         3 |
|        4 | 程帅   |    94 |         3 |         4 |
|        5 | 张丹   |    78 |         1 |         5 |
|        6 | 陈冉冉 |   109 |         1 |         1 |
|        7 | 李云龙 |   108 |         1 |         5 |
| 20160201 | 张三   |  NULL |      NULL |      NULL |
+----------+--------+-------+-----------+-----------+
7 rows in set
```

图 1.1.50　Navicat 修改后科目信息图

实验 2　权限与安全及完整性语言

本实验涉及数据库的权限与安全问题，对数据库进行授权、设置密码等操作，防止数据库信息被泄露，是数据库设计的重中之重。

本实验需要掌握的数据库操作（请在已掌握的内容方框前面打钩）

☐ 定义用户、角色，分配权限给用户、角色
☐ 删除、回收权限，修改用户密码、用户名
☐ 找回超级管理员 root 账号密码
☐ 实体完整性、参照完整性、用户定义的完整性、完整性约束命名子句

实验 2.1　权限与安全实验

1. 实验目的和要求

(1) 理解 MySQL 权限管理的工作原理。
(2) 掌握 MySQL 账号管理。

2. 实验过程

1) 创建用户

(1) 利用 create user 语句创建用户 user1、user2、user3，密码均为'123456'。

```
create user 'user1'@'localhost' identified by '123456';
create user 'user2'@'localhost' identified by '123456';
create user 'user3'@'localhost' identified by '123456';
```

(2) 利用 insert into 语句向 user 表创建用户 user4，密码为'123456'。

创建 user 表：

```
create table user(
host char(20),
user char(10) primary key,
password char(20),
ssl_cipher char(10),
x509_issuer char(10),
x509_subject char(10)
);
insert into user(host,user,password,ssl_cipher,x509_issuer,x509_subject) values
('localhost','user4','123456','null','null','null');
```

(3)利用 grant 语句创建用户 user5,密码为'123456',且为全局级用户。

```
grant select,insert,update on *.* to 'user5'@'localhost' identified by'123456';
```

2)用户授权(利用 grant 语句)

(1)授予 user1 用户为数据库级用户,对 BOOK 数据库拥有所有权。

```
grant all on *.* to 'user1'@'localhost' identified by'123456';
```

(2)授予 user2 用户为表级用户,对 BOOK 数据库中的学生信息表设置 select、create、drop 权限。

```
grant select,create,drop on BOOK.student to 'user2'@'localhost' identified by '123456';
```

(3)授予 user3 用户为列级用户,对 BOOK 中的学生信息表的 name 列用户设置 select 和 update 权限。

```
grant select,update(name) on BOOK.student to 'user2'@'localhost' identified by'123456';
```

(4)授予 user4 用户为过程级用户,对 BOOK 中的 get_student_by_sno 存储过程拥有 EXECUTE 执行的权限(创建存储过程方法见实验 3.1)。

① 创建存储过程。

```
delimiter //
create procedure get_student_by_sno(out a int)
begin
select * from student order by sno;
end//
```

② 授予 user4 用户 EXECUTE 权限。

```
grant execute on procedure get_student_by_sno to 'user4'@'localhost'identified by '123456';
```

通过上述创建的用户,连接、登录 MySQL 数据库,对相关权限进行验证。

③ 查看权限。

```
select * from user where user='test1';
show grants for 'root' @'localhost';
select * from user where user='root';
```

④ 删除权限。

```
drop user 'user4'@'localhost';
flush privileges;
```

3)收回权限

(1)收回 user3 用户对 STM 中的学生信息表的 sname 列的 update 权限。

```
revoke update on *.* from 'user3'@'localhost';
```

(2)收回 user4 用户对 STM 中的 get_student_by_sno 存储过程拥有 EXECUTE 执行的权限。

```
revoke execute on procedure get_student_by_sno from 'user4'@'localhost';
```

利用上述建立的用户连接并登录 MySQL 数据库,对相关权限进行验证。

4）修改用户名、用户密码

(1) 修改 root 用户密码。

```
set password=password('123456');
update user set password=password('123') where user='root' and host='localhost';
flush privileges;
```

(2) 修改 user1 用户密码。

```
set password for '用户'@'主机'=password('新密码');
```

修改 user1 用户密码为"111111"。

```
set password for user1@ localhost=password('111111');
```

5）找回 root 用户密码

(1) 停止 MySQL 服务，cmd 打开 DOS 窗口，输入：

```
net stop mysql;
```

(2) 在 cmd 命令行窗口，进入 MySQL 安装 bin 目录，例如本书是：
E:\Program Files\MySQL\MySQL Server 5.0\bin。

输入命令：

```
e:回车;
cd   E:\Program Files\MySQL\MySQL Server 5.0\bin;
```

这样就进入 MySQL 安装 bin 目录了。

(3) 输入以下命令，进入 MySQL 安全模式，即当 MySQL 启动后，不用输入密码就能进入数据库。

```
mysqld-nt --skip-grant-tables;
```

(4) 重新打开一个 cmd 命令行窗口，输入 mysql-uroot-p，使用空密码的方式登录 MySQL（不用输入密码，直接按回车）。

(5) 输入以下命令开始修改 root 用户的密码（注意：命令中 mysql.user 中间有个"点"）。

```
update mysql.user set password=password('新密码') where User='root';
```

(6) 刷新权限表。

```
flush privileges;
```

(7) 退出。

```
Quit;
```

这样 MySQL 超级管理员账号 root 就已经重新设置好了，接下来在任务管理器里结束 mysql-nt.exe 这个进程，重新启动 MySQL 即可（也可以直接重新启动服务器）。

MySQL 重新启动后，就可以用新设置的 root 密码登录 MySQL 了。

实验 2.2　完整性语言实验

1. 实体完整性

【例 1】　将学生信息表中的 Sno 定义为主码，Course 表中 Con 定义为主码（列级实体完整性）。

创建学生信息表 Student：

```
create table Student
(Sno char(9),
Sname char(20) not null,
Ssex char(2),
Sage smallint,
Sdept char(20),
primary key (Sno)
);
```

创建课程表 Course：

```
create table Course
(
Cno char(9) primary key,
Cname char(20),
Cpno char(20),
Ccredit smallint,
foreign key (Cpno) references Course(Cno) /*说明被参照表可以是同一个表*/
);
```

【例2】 将 SC 表中的 Sno、Cno 属性组定义为码（表级实体完整性）。

```
create table SC
(
Sno CHAR(9),
Cno CHAR(9),
Grade smallint,
Primary key (Sno,Cno)
);
```

2. 参照完整性

【例3】 定义 SC 中的参照完整性。

```
create table SC
(Sno CHAR(9),
Cno CHAR(4),
Grade smallint,
Primary key (Sno,Cno),/*在表级定义实体完整性*/
FOREIGN KEY (Sno) REFERENCES Student(Sno),/*在表级定义参照完整性*/
FOREIGN KEY (Cno) REFERENCES Course(Cno) /*在表级定义参照完整性*/
);
```

【例4】 参照完整性的违约处理实例。

```
create table SC(
Sno char(9) not null,
Cno char(9) not null,
Grade smallint,
```

```
Primary key (Sno,Cno),/*在表级定义实体完整性*/
FOREIGN KEY (Sno) REFERENCES Student(Sno),/*在表级定义参照完整性*/
FOREIGN KEY (Cno) REFERENCES Course(Cno)/*在表级定义参照完整性*/
on delete cascade/*当删除 student 表中的元组时,级连删除 SC 表中相应的元组*/
on update cascade /*当更新 student 表中的 sno 时,级连更新 SC 表中相应的元组*/
);
```

另外一种情况如下:

```
on delete no action /*当删除 course 表中元组造成与 SC 表中不一致时,拒绝删除*/
on update cascade   /*当更新 student 表中的 cno 时,级连更新 SC 表中相应元组*/
```

3. 用户定义的完整性

1)属性上的约束条件的定义

(1)列值非空。

【例 5】 在定义 SC 表时,说明 Sno、Cno、Grade 属性不为空。

```
create table SC
(Sno CHAR(9) not null,
Cno CHAR(4) not null,
Grade smallint not null,
Primary key (Sno,Cno)
);
```

(2)列值唯一。

【例 6】 建立部门 DEPT,要求部门名称 Dname 列取值唯一,部门编号 Deptno 为列主码。

```
create table DEPT
(Deptno NUMERIC(2),
Dname char(9) UNIQUE,
Location char(10),
PRIMARY KEY (Deptno)
)
```

(3)check 短语。

MySQL 中不支持 check 约束(SQL Server 支持),如果创建表时加上 check 约束也是不起作用的,MySQL 解决办法:加一个触发器实现约束功能。故本节例 7、例 8、例 9、例 12、例 13 是在 SQL Server 中实现的,例 10、例 11 通过在 MySQL 中加触发器实现 check 功能。

【例 7】 学生信息表的 Ssex 只允许取"男"或"女"。

```
create table Student
(Sno char(9) PRIMARY KEY ,
Sname char(8) not null,
Ssex char(2) CONSTRAINT C1 CHECK(Ssex IN ('男','女')),
Sage smallint,
Sdept char(20)
);
```

【例8】 SC 表的 Grade 的值应该在 0~100 之间。

```
create table SC
(Sno CHAR(9) not null,
Cno CHAR(9)not null,
Grade smallint CONSTRAINTC2 CHECK(Grade>=0 AND Grade<=100),
Primary key (Sno,Cno),
FOREIGN KEY (Sno) REFERENCES Student(Sno),
FOREIGN KEY (Cno) REFERENCES Course(Cno)
);
```

2)元组上的约束条件的定义

【例9】 当学生的性别是男时,其名字不能以 Ms. 打头。

```
create table Student
(Sno char(9) PRIMARY KEY,
Sname char(8) not null,
Ssex char(2),
Sage smallint,
Sdept char(20),
CONSTRAINT C3 CHECK (Ssex='女' OR Sname NOT LIKE 'MS.% ')
);
```

4. 完整性约束命名子句

1)完整性约束命名

【例10】 建立学生信息表 Student,要求学号在 90000~99999 之间,姓名不能取空值,年龄小于 30,性别只能是男或女(提示:Mysql 不支持 check 语句,解决办法:加一个触发器实现约束功能)。

```
create table Student
(Sno numeric(6) NOT NULL PRIMARY KEY check (Sno>90000 and Sno<99999),
Sname char(20)   not null,
Ssex enum ('男','女'),
Sage numeric(3),check(Sage<30)
);
DELIMITER $$
create trigger test before insert on Student
for each row
begin
if new.Sno<90000 then
set new.Sno=90000 ;
end if;
if new.Sno>99999 then
set new.Sno=99999;
end if;
end $$
```

【例11】 创建教师表 TEACHER,要求每个教师的应发工资不低于3000元(提示:Mysql 不支持 check 语句,解决办法:加一个触发器实现约束功能)。

```
create table TEACHER
(Eno NUMERIC(4) PRIMARY KEY,
Ename CHAR(10),
Job CHAR(8),
Sal NUMERIC(7,2),
Deduct NUMERIC(7,2),
Deptno NUMERIC(7,2),
CONSTRAINT C1 CHECK(Sal+Deduct>=3000)
);
DELIMITER $$
create trigger test before insert on TEACHER
for each row
begin
if (new.Sal-new.Deduct)<3000 then
set new.Sal=null;
set new.Deduct=null;
set new.Deptno=3000;
else
set new.Deptno=new.Sal- new.Deduct;
end if;
end $$
```

2) 修改表中的完整性限制

【例12】 添加学生信息表中对性别的限制。

```
alter table Student add CONSTRAINT C4 CHECK(Ssex IN ('m','w'));
```

【例13】 修改学生信息表中约束条件。

```
alter table Student drop CONSTRAINT C1; /*删除约束*/
alter table Student add CONSTRAINT C1 check(Sno between 900000 AND 999999);
/*增加 CHECK 约束*/
alter table Student drop CONSTRAINT C3; /*删除约束*/
alter table Student add CONSTRAINT C3 check(Sage<40); /*增加 CHECK 约束*/
```

实验 3 存储过程与触发器

存储过程可以用来转换数据、迁移数据，它类似编程语言，一次执行成功就可以随时被调用，完成指定的功能操作。存储过程就相当于将一系列的操作都放在一起，当需要执行的时候直接调用，不必再重新编写。调用存储过程不仅可以提高数据库的访问效率，同时也可以提高数据库的安全性能。

数据的完整性除了靠事务和约束实现外，也可以作为触发器的补充。触发器与存储过程不同，触发器不能直接被调用，而是通过对表的相关操作来触发不同的触发器。

本实验需要掌握的知识点（请在已掌握的内容方框前面打钩）
□ 理解什么是存储过程
□ 如何创建存储过程
□ 如何管理存储过程
□ 了解触发器
□ 创建触发器
□ 管理触发器

实验 3.1 存储过程实验

创建存储过程的语法：

```
create procedure sp_name([ [ in |out |inout ] param_name type[...] ]);
```

create procedure：创建存储过程的关键词。
sp_name：创建的存储过程的名称。
in |out |inout：参数类型：输入类型、输出类型、输入输出类型。
param_name：参数名称。
type：参数类型。

1) 使用 Workbench
(1) 创建存储过程。
① 创建带有 out 参数的存储过程。
a. 使用代码创建存储过程。
创建 sexinfo 表：
```
create table sexinfo(
id int primary key,
sex varchar(4)
);
```
向 sexinfo 表中添加两条记录：
```
insert into sexinfo values(1,'男'),(2,'女');
```

创建存储过程：
delimiter //
create procedure sp_mypro1(out a int)
begin
select count(*) into a from sexinfo;
end//

b. 使用 Workbench 图形界面创建。

右键选择【Create Stored Procured】,弹出窗口,如图 1.3.1 所示；

点击【Apply】,创建成功,如图 1.3.2 所示。

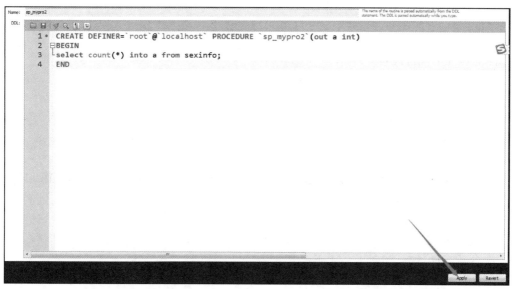

图 1.3.1　Workbench 图形界面创建存储过程

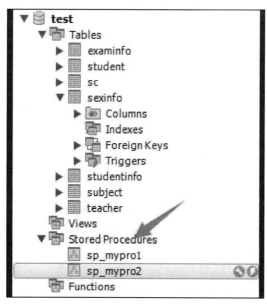

图 1.3.2　存储过程创建成功图

②创建带有 in 参数的存储过程。

创建得分表 scoreinfo：

```
create table scoreinfo(
student_id int primary key,
scores int,
subject varchar(10),
remarks varchar(20)
);
```

创建存储过程：

```
delimiter //
create procedure sp_mypro3(in a int)
begin
if(a is not null)then
update scoreinfo set remarks='一般'where scores<=70;
end if;
end//
```

调用存储过程：

```
call sp_mypro3(1);
```

注意：若出现 safe 安全模式无法更改时，则执行命令 SET SQL_SAFE_UPDATES=0；即可。

查看 scoreinfo 表：

```
select * from scoreinfo;
```

in 参数存储过程，如图 1.3.3 所示。

Result Grid | Filter Rows: | Export: | Wrap Cell Content:

student_id	scores	subject	remarks
1	92	英语	
1	91	数学	
1	69	计算机	一般
1	45	物理	一般

图 1.3.3　in 参数存储过程

③创建 inout 参数的存储过程。

创建存储过程：

```
delimiter //
create procedure sp_mypro4(inout a int)
begin
if(a is not null)then
select count(*) into a from scoreinfo;
end if;
end//
```

给参数 a 赋值：

```
delimiter //
set @ a=1;
```

调用存储过程：

```
call sp_mypro4(@a);
```

查看表记录：

```
select @a;
```

inout 参数存储过程，如图 1.3.4 所示。

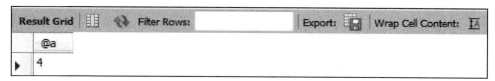

图 1.3.4 inout 参数存储过程

④创建无参数的存储过程。

创建存储过程：

```
delimiter //
create procedure sp_mypro5()
begin
update scoreinfo set remarks='优秀' where scores> =90;
end//
```

调用存储过程：

```
call sp_mypro5;
```

查看 scoreinfo 表：

```
select * from scoreinfo;
```

无参数存储过程，如图 1.3.5 所示。

图 1.3.5 无参数存储过程

（2）修改存储过程。

在 Workbench 中，使用图形界面修改存储过程，右键选择【Alter Stored Procedure】。可以修改存储过程的名称、有无参数、in 参数、out 参数、inout 参数等，如图 1.3.6 所示。

（3）删除存储过程。

```
drop procedure sp_name;
```

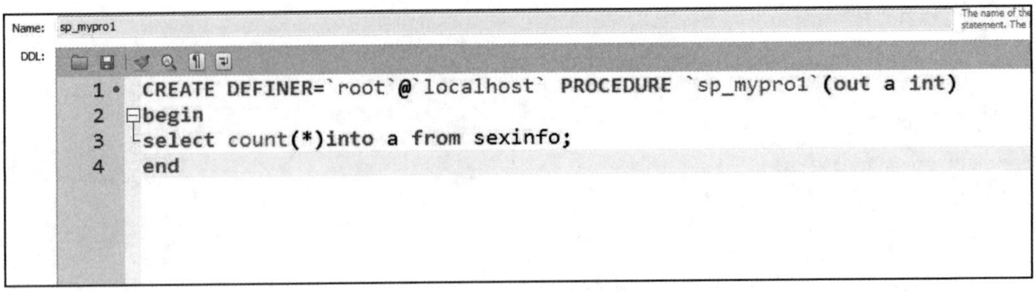

```
Name:  sp_mypro1
DDL:
  1   CREATE DEFINER=`root`@`localhost` PROCEDURE `sp_mypro1`(out a int)
  2   begin
  3   select count(*)into a from sexinfo;
  4   end
```

图 1.3.6　修改存储过程

2) 使用 Navicat

(1) 创建存储过程。

① 创建带有 out 参数的存储过程。

创建 sexinfo 表：

```
create table sexinfo(
id int primary key,
sex varchar(4)
);
```

向 sexinfo 表中添加两条记录：

```
insert into sexinfo values(1,'男'),(2,'女');
```

创建存储过程：

```
delimiter //
create procedure sp_mypro1(out a int)
begin
select count(*)into a from sexinfo;
end//
```

查看存储过程(在 Navicat 中)：

在文件栏左侧，单击【函数】，如图 1.3.7 所示。

右侧函数栏会出现 sp_mypro1，这就是创建的存储过程，说明创建成功，如图 1.3.8 所示。

② 创建带有 in 参数的存储过程。

创建一个得分表进行说明：

```
create table scoreinfo(
student_id int primary key,
scores int,
subject varchar(10),
remarks varchar(20)
);
```

向得分表中插入数据，查看 in 参数的存储结果：

```
insert into scoreinfo values(1,89,'数据库设计',''),(2,89,'遥感',''),(3,67,'数据库应用',''),(4,66,'英语','');
```

图1.3.7 查看存储过程

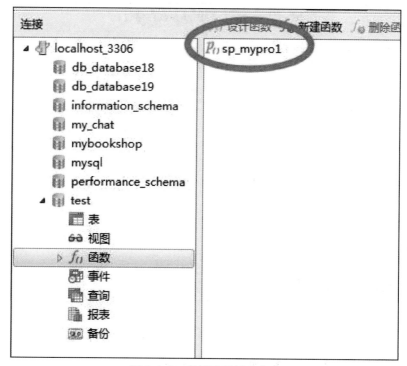

图1.3.8 存储过程创建成功

创建存储过程：

```
delimiter //
create procedure sp_mypro2(in a int)
begin
if(a is not null)then
update scoreinfo set remarks='一般' where scores<=70;
end if;
end//
```

调用存储过程：

```
call sp_mypro2(1);
```

查看 scoreinfo 表：

```
select * from scoreinfo;
```

Navicat 中 in 参数存储过程，如图 1.3.9 所示。

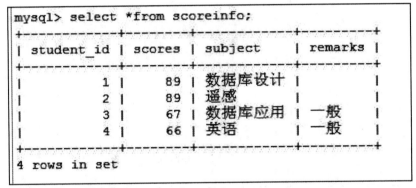

图 1.3.9　Navicat 中 in 参数存储过程

③创建 inout 参数的存储过程。

创建存储过程：

```
delimiter //
create procedure sp_mypro3(inout a int)
begin
if(a is not null)then
select count(*) into a from scoreinfo;
end if;
end//
```

给参数 *a* 赋值：

```
delimiter //
set @ a=1//
```

调用 sp_mypro3 存储过程：

```
call sp_mypro3(@a);
```

查看结果：

```
select @a;
```

Navicat 中 inout 参数存储过程，如图 1.3.10 所示。

```
mysql> select @a//
+----+
| @a |
+----+
|  4 |
+----+
1 row in set
```

图 1.3.10　Navicat 中 inout 参数存储过程

④创建无参数的存储过程。

创建存储过程：

delimiter //
create procedure sp_mypro4()
begin
update scoreinfo set remarks='优秀' where scores>=80;
end//

调用存储过程：

call sp_mypro4;

查看 scoreinfo 表：

select * from scoreinfo;

Navicat 中无参数存储过程，如图 1.3.11 所示。

```
mysql> select *from scoreinfo;
+------------+--------+-----------+---------+
| student_id | scores | subject   | remarks |
+------------+--------+-----------+---------+
|          1 |     89 | 数据库设计 | 优秀    |
|          2 |     89 | 遥感      | 优秀    |
|          3 |     67 | 数据库应用 | 一般    |
|          4 |     66 | 英语      | 一般    |
+------------+--------+-----------+---------+
4 rows in set
```

图 1.3.11　Navicat 中无参数存储过程

（2）修改存储过程。

在 Navicat 中，使用图形界面修改存储过程，右键【设计函数】，进入修改页面，如图 1.3.12 所示。

也可以找到创建的存储过程，右键【重命名】，对存储过程进行重新命名。

（3）删除存储过程。

在 Navicat 图形界面中，找到已创建的存储过程，右键【删除函数】即可删除创建的存储过程。

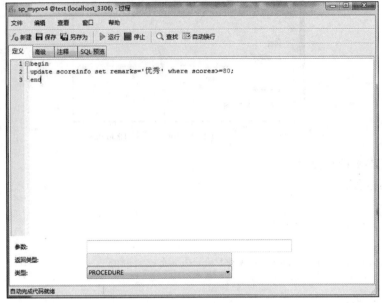

图 1.3.12　存储过程修改界面

实验 3.2　触发器实验

1. 实验目的和要求

掌握触发器的设计和使用方法，以及如何创建触发器。

2. 实验内容

创建 before、after 触发器，对触发器进行管理。

3. 实验步骤及代码

1）使用 Workbench
（1）before 触发器。
创建数据库 newtest：
create database newtest default character set utf8 default collate utf8_general_ci;
use newtest;
创建一个触发器测试表 logtab：
create table logtab(
id int primary key auto_increment,
oname varchar(20),
otime varchar(20)
);

创建学生信息表：
```
create table studentinfo(
id int primary key auto_increment,
name varchar(20),
age int(20)
);
```
创建 before 触发器：
```
delimiter //
create trigger mytri1
before insert on studentinfo
for each row
begin
insert into logtab values(null,'test',sysdate());
end//
```
对 studentinfo 表未做任何操作，查询测试表 logtab：
```
select * from logtab;
```
Workbench 查询 logtab 结果，如图 1.3.13 所示。

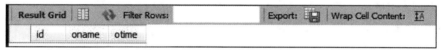

图 1.3.13　Workbench 查询 logtab 结果

插入一条记录到 studentinfo：
```
insert into studentinfo values(1,'李四',24);
```
查询 logtab 表：
```
select * from logtab;
```
Workbench 插入记录后查询 logtab 结果，如图 1.3.14 所示。

图 1.3.14　Workbench 插入记录后查询 logtab 结果

这时，可看到 logtab 中得到一条记录。
(2) after 触发器。
创建 after 触发器：
```
delimiter //
create trigger mytri2
after insert on studentinfo
for each row
begin
insert into logtab(oname,otime)values(null,'test',sysdate());
end//
```

再次插入一条记录到 studentinfo：

```
insert into studentinfo values(2,'李四',24);
```

查询 logtab 表：

```
select * from logtab;
```

这时可看到 3 条记录，第一条是上节向 studentinfo 表插入第一条记录时 before 触发器增加的，另外两条记录是这一节向 studentinfo 表插入第二条记录时 before 和 after 触发器分别增加的。

after 触发器查询 logtab 结果，如图 1.3.15 所示。

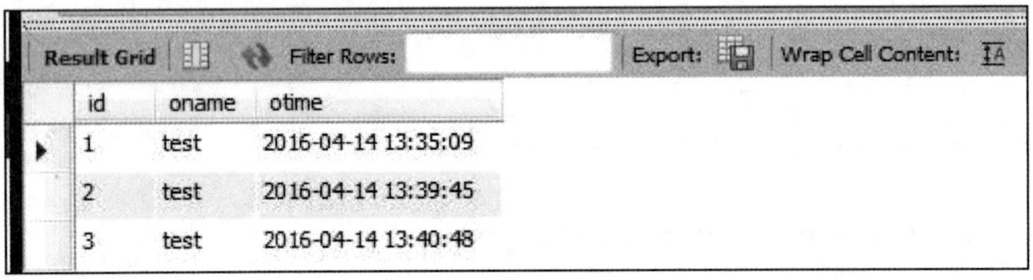

id	oname	otime
1	test	2016-04-14 13:35:09
2	test	2016-04-14 13:39:45
3	test	2016-04-14 13:40:48

图 1.3.15　after 触发器查询 logtab 结果

2)使用 Navicat

(1)before 触发器。

创建数据库 newtest2：

```
create database newtest2 default character set utf8 default collate utf8_general_ci;
use newtest2;
```

创建一个触发器测试表 logtab：

```
create table logtab(
id int,
oname varchar(20),
otime varchar(20)
);
```

创建学生信息表：

```
create table studentinfo(
id int ,
name varchar(20),
age int(20)
);
```

创建 before 触发器：

```
delimiter //
create trigger mytri1
before insert on studentinfo
for eachrow
begin
insert into logtab(oname,otime) values('test',sysdate());
end//
```

对 studentinfo 表未做任何操作时,查询 logtab 测试表:
```
select * from logtab;
```
Navicat 查询 logtab 结果,如图 1.3.16 所示。

图 1.3.16　Navicat 查询 logtab 结果

插入一条记录到 studentinfo 表:
```
insert into studentinfo values(1,'李四',24);
```
查询 logtab 测试表:
```
select * from logtab;
```
Navicat 插入记录后查询 logtab 结果,如图 1.3.17 所示。

图 1.3.17　Navicat 插入记录后查询 logtab 结果

此时,可看到测试表 logtab 中已得到一条记录,记录由触发器完成。

(2) after 触发器。
```
delimiter //
create trigger mytri2
after insert on studentinfo
for each row
begin
insert into logtab(oname,otime) values('test',sysdate());
end//
```
对 studentinfo 不做任何操作,执行查询语句:
```
select * from logtab;
```
Navicat 查询 logtab 结果,如图 1.3.18 所示。
在 studentinfo 中再次插入一条记录,来查看 after insert 的情况:
```
insert into studentinfo values(2,'李珊珊',24);
```

```
mysql> select *from logtab;
+------+-------+---------------------+
| id   | oname | otime               |
+------+-------+---------------------+
| NULL | test  | 2016-04-21 17:01:43 |
+------+-------+---------------------+
1 row in set

mysql>
```

图 1.3.18　Navicat 查询 logtab 结果

再对测试表 logtab 进行查询：

```
select * from logtab;
```

查询 logtab 表，如图 1.3.19 所示。

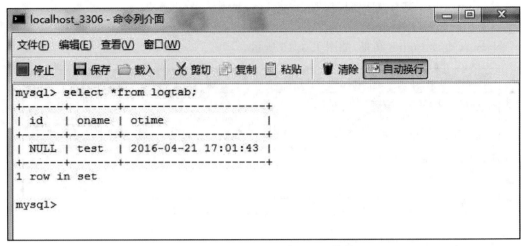

图 1.3.19　查询 logtab 表

从图 1.3.19 中可以看出，logtab 表中增加的两条数据的顺序是按照触发器的触发时间来排的，即先激发 before 触发器，后激发 after 触发器。

实验 4 性能优化及数据库备份与恢复

性能优化是通过某些有效的方法提高 MySQL 数据库的性能。性能优化的目的是使 MySQL 数据库运行速度更快、占用磁盘空间更小。性能优化主要包括查询速度、数据库结构优化等。

数据库备份和恢复的主要作用就是对数据进行保存维护,为了防止数据库意外崩溃或者硬件损伤而导致数据丢失,管理者需定期恢复数据,这样即使发生了意外,也会把损失降到最低,因此数据库的备份与恢复是非常有必要的。

本实验需要掌握的知识点(请在已掌握的内容方框前面打钩)
- □ 数据库查询性能优化
- □ 数据库结构优化
- □ 逻辑备份方法
- □ 物理备份方法
- □ 二进制进行数据库恢复

实验 4.1 数据库查询性能优化

由于 MySQL 数据库中需要进行大量的查询操作,因此需要对查询语句进行优化。

1. 实验目的和要求

理解和掌握数据库查询性能优化的基本原理和方法。

2. 实验内容

学会使用 explain 命令分析查询执行计划,利用索引优化查询性能、SQL 语句,以及理解和掌握数据库模式规范化对查询性能的影响。同时,针对给定的数据库模式,设计不同的实例验证查询性能优化效果。

3. 实验步骤

1)使用 Workbench

(1)分析查询语句。

查询实验 3.1 中得分表 scoreinfo:

```
explain select *from scoreinfo;
```

分析查询语句结果,如图 1.4.1 所示。

(2)索引对查询速度的影响。

explain 执行语句如下:

```
explain select *from scoreinfo where subject='数据库设计';
```

图 1.4.1 分析查询语句结果

未创建索引查询结果,如图 1.4.2 所示。

图 1.4.2 未创建索引查询结果

查询结果显示 rows 参数值为 4,即 MySQL 认为必须检查的用来返回请求数据的行数为 4。当然,这里并没有建立索引,下面进行索引创建,再次查看优化结果。

```
create index index_subject on scoreinfo(subject);
```

创建索引查询结果,如图 1.4.3 所示。

图 1.4.3 创建索引查询结果

结果显示,rows 参数值为 1,这表示只查询了 1 条记录,查询速度比之前的 4 条记录快,而且 possible_keys(查询中可能使用的索引)和 key(查询使用到的索引)的值都是 index_name,说明查询时使用了 index_name 这个索引,从而使查询性能得到优化。

从上面的实例可见,索引可以提高性能优化,但是有些时候即使创建索引,也并不能起到相应的效果,下面将一一进行讲解。

① 使用 like 关键字查询。

查询语句中使用 like 关键字进行查询时,如果匹配字符串的第一个字符为"%",索引不会被使用;如果不在第一个位置,索引就会被使用。

【例 1】 下面查询语句中使用 like 关键字,并且匹配的字符串中含有"%"符号。

explain 语句执行代码如下:

```
explain select *from scoreinfo where subject like '% 理';
```

like 关键字位置不正确查询结果,如图 1.4.4 所示。

图 1.4.4 like 关键字位置不正确查询结果

```
explain select *from scoreinfo where subject like '物%';
```

like 关键字位置正确查询结果,如图 1.4.5 所示。

从查询结果中可以看到,执行第一个语句时,rows 值为 4,说明查询了 4 条记录。执行第二条语句时,rows 值为 1,说明查询了 1 条记录。同样是 name 字段,第一个查询语句的

图 1.4.5　like 关键字位置正确查询结果

possible_keys 和 type 均为空,并未使用索引;而第二个查询语句使用了索引,这是因为"%"不在第一个位置。

②使用多列索引查询。

多列索引是在表的多个字段上创建一个索引。只有查询条件中使用了这些字段中的第一个字段时,索引才会被引用。

【例 2】　在 scoreinfo 表中 subject 和 remarks 两个字段上创建索引,然后验证多列索引的应用情况。

```
create index index_subject_remarks on scoreinfo(subject,remarks);
explain select *from scoreinfo where subject='英语';
```

首个索引查询结果,如图 1.4.6 所示。

图 1.4.6　首个索引查询结果

```
explain select *from scoreinfo where remarks='优秀';
```

非首个索引查询结果,如图 1.4.7 所示。

图 1.4.7　非首个索引查询结果

结果显示,subject 字段索引查询结果中,rows 值为 1,而且 possible_keys 和 type 均为 index_subject_remarks;在 remarks 字段索引查询结果中,rows 值为 4,而且 possible_type 和 type 均为空。因为 subject 字段是多列索引的第一个字段,只有查询条件中使用了这些字段中的第一个字段时,索引才会被引用。

③使用 or 关键字查询。

查询语句只有 or 关键字时,如果 or 前后的两个条件都是索引时,查询中将使用索引,如果 or 前后有一个条件的列不是索引,那么查询中将不使用索引。

【例 3】　在 scoreinfo 表中使用 or 关键字。

```
explain select *from scoreinfo where student_id=5 or subject='物理';
```

or 前后均是索引查询结果,如图 1.4.8 所示。

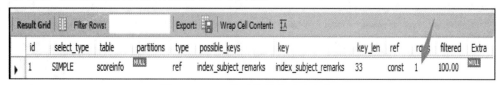

图 1.4.8　or 前后均是索引查询结果

```
explain select *from scoreinfo where name='张三' or scores=92;
```
or 后是索引查询结果,如图 1.4.9 所示。

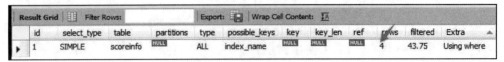

图 1.4.9　or 后是索引查询结果

2)使用 Navicat(分析部分省略)

(1)分析查询语句。

对学生成绩 score2(与上面实例 Workbench 中建立的 score 表区分开,防止创建表报错)进行查询。

创建得分表 score2:
```
create table score2(
id int,
name varchar(20),
scores int,
subject varchar(10),
remarks varchar(20)
);
```
向得分表中插入 4 条记录:
```
insert into score2 values(1,'张三',87,'数据库设计',''),(2,'李四',87,'计算机基础',''),(3,'王五',87,'地理信息系统',''),(4,'刘六',87,'英语','');
```
对得分表 score 进行查询:
```
explain select *from score2;
```
Navicat 分析查询结果,如图 1.4.10 所示。

```
mysql> explain select *from score2;
+----+-------------+--------+------+---------------+------+---------+------+------+-------+
| id | select_type | table  | type | possible_keys | key  | key_len | ref  | rows | Extra |
+----+-------------+--------+------+---------------+------+---------+------+------+-------+
|  1 | SIMPLE      | score2 | ALL  | NULL          | NULL | NULL    | NULL |    4 | NULL  |
+----+-------------+--------+------+---------------+------+---------+------+------+-------+
1 row in set
```

图 1.4.10　Navicat 分析查询结果

(2)索引对查询速度的影响。

explain 执行语句如下:
```
explain select *from score2 where name='张三';
```
Navicat 未创建索引查询结果,如图 1.4.11 所示。

```
mysql> explain select *from score2 where name='张三';
+----+-------------+--------+------+---------------+------+---------+------+------+-------------+
| id | select_type | table  | type | possible_keys | key  | key_len | ref  | rows | Extra       |
+----+-------------+--------+------+---------------+------+---------+------+------+-------------+
|  1 | SIMPLE      | score2 | ALL  | NULL          | NULL | NULL    | NULL |    4 | Using where |
+----+-------------+--------+------+---------------+------+---------+------+------+-------------+
1 row in set
```

图 1.4.11　Navicat 未创建索引查询结果

下面创建索引,查看优化结果:

    create index index_name on score2(name);

explain 执行语句如下:

    explain select *from score2 where name='张三';

Navicat 创建索引查询结果,如图 1.4.12 所示。

```
mysql> explain select *from score2 where name='张三';
+----+-------------+--------+------+---------------+------------+---------+-------+------+-----------------------+
| id | select_type | table  | type | possible_keys | key        | key_len | ref   | rows | Extra                 |
+----+-------------+--------+------+---------------+------------+---------+-------+------+-----------------------+
|  1 | SIMPLE      | score2 | ref  | index_name    | index_name | 63      | const |    1 | Using index condition |
+----+-------------+--------+------+---------------+------------+---------+-------+------+-----------------------+
1 row in set
```

图 1.4.12 Navicat 创建索引查询结果

【例 4】 下面查询语句中使用 like 关键字,并且匹配的字符串中含有"%"符号。
explain 语句执行代码如下:

    explain select *from score2 where name like '%四';

Navicat 中 like 查询结果 1,如图 1.4.13 所示。

```
mysql> explain select *from score2 where name like '%四';
+----+-------------+--------+------+---------------+------+---------+------+------+-------------+
| id | select_type | table  | type | possible_keys | key  | key_len | ref  | rows | Extra       |
+----+-------------+--------+------+---------------+------+---------+------+------+-------------+
|  1 | SIMPLE      | score2 | ALL  | NULL          | NULL | NULL    | NULL |    4 | Using where |
+----+-------------+--------+------+---------------+------+---------+------+------+-------------+
1 row in set
```

图 1.4.13 Navicat 中 like 查询结果 1

    explain select *from score2 where name like '李%';

Navicat 中 like 查询结果 2,如图 1.4.14 所示。

```
mysql> explain select *from score2 where name like '李%';
+----+-------------+--------+-------+---------------+------------+---------+------+------+-----------------------+
| id | select_type | table  | type  | possible_keys | key        | key_len | ref  | rows | Extra                 |
+----+-------------+--------+-------+---------------+------------+---------+------+------+-----------------------+
|  1 | SIMPLE      | score2 | range | index_name    | index_name | 63      | NULL |    1 | Using index condition |
+----+-------------+--------+-------+---------------+------------+---------+------+------+-----------------------+
1 row in set
```

图 1.4.14 Navicat 中 like 查询结果 2

【例 5】 在 score2 中的 subject 和 remarks 两个字段上创建索引,然后验证多列索引的应用情况。

    create index index_subject_remarks on score2(subject,remarks);
    explain select *from score2 where subject='英语';

首个索引查询结果,如图 1.4.15 所示。

```
mysql> explain select *from score2 where subject='英语';
+----+-------------+--------+------+-----------------------+-----------------------+---------+-------+------+-----------------------+
| id | select_type | table  | type | possible_keys         | key                   | key_len | ref   | rows | Extra                 |
+----+-------------+--------+------+-----------------------+-----------------------+---------+-------+------+-----------------------+
|  1 | SIMPLE      | score2 | ref  | index_subject_remarks | index_subject_remarks | 33      | const |    1 | Using index condition |
+----+-------------+--------+------+-----------------------+-----------------------+---------+-------+------+-----------------------+
1 row in set
```

图 1.4.15 首个索引查询结果

    explain select *from score2 where remarks='优秀';

Navicat 非首个索引查询结果,如图 1.4.16 所示。

```
mysql> explain select *from score2 where remarks='优秀';
+----+-------------+--------+------+---------------+------+---------+------+------+-------------+
| id | select_type | table  | type | possible_keys | key  | key_len | ref  | rows | Extra       |
+----+-------------+--------+------+---------------+------+---------+------+------+-------------+
|  1 | SIMPLE      | score2 | ALL  | NULL          | NULL | NULL    | NULL |    4 | Using where |
+----+-------------+--------+------+---------------+------+---------+------+------+-------------+
1 row in set
```

图 1.4.16　Navicat 非首个索引查询结果

【例 6】 在 scoreinfo 表中使用 or 关键字。

explain select *from score2 where name='李四' or subject='数据库设计';

Navicat 中 or 关键字查询结果 1，如图 1.4.17 所示。

```
mysql> explain select *from score2 where name like '李%';
+----+-------------+--------+-------+---------------+------------+---------+------+------+-----------------------+
| id | select_type | table  | type  | possible_keys | key        | key_len | ref  | rows | Extra                 |
+----+-------------+--------+-------+---------------+------------+---------+------+------+-----------------------+
|  1 | SIMPLE      | score2 | range | index_name    | index_name |      63 | NULL |    1 | Using index condition |
+----+-------------+--------+-------+---------------+------------+---------+------+------+-----------------------+
1 row in set
```

图 1.4.17　Navicat 中 or 关键字查询结果 1

explain select *from score2 where name='张三' or scores=87;

Navicat 中 or 关键字查询结果 2，如图 1.4.18 所示。

```
mysql> explain select *from score2 where name='张三' or scores=87;
+----+-------------+--------+------+---------------+------+---------+------+------+-------------+
| id | select_type | table  | type | possible_keys | key  | key_len | ref  | rows | Extra       |
+----+-------------+--------+------+---------------+------+---------+------+------+-------------+
|  1 | SIMPLE      | score2 | ALL  | index_name    | NULL | NULL    | NULL |    4 | Using where |
+----+-------------+--------+------+---------------+------+---------+------+------+-------------+
1 row in set
```

图 1.4.18　Navicat 中 or 关键字查询结果 2

实验 4.2　数据库结构优化

1. 增加中间表

现有学生信息表和 score 表，结构如下：

describe student;

增加中间表 1，如图 1.4.19 所示。

describe score;

增加中间表 2，如图 1.4.20 所示。

现实中经常要查学生的学号、姓名和成绩，这时就需要创建一个中间表 temp_score，存储这些信息，创建语句如下：

```
create table temp_score(
id int not null,
name varchar(20),
grade float
);
```

Field	Type	Null	Key	Default	Extra
id	int(10)	NO	PRI	NULL	
name	varchar(20)	YES		NULL	
sex	varchar(4)	YES		NULL	
birth	date	YES		NULL	
department	varchar(28)	YES		NULL	
adress	varchar(52)	YES		NULL	

图 1.4.19　增加中间表 1

Field	Type	Null	Key	Default	Extra
id	int(10)	NO	PRI	NULL	
stu_id	int(10)	YES		NULL	
c_name	varchar(20)	YES		NULL	
grade	int(10)	YES		NULL	

图 1.4.20　增加中间表 2

然后将学生信息表和 score 表中的记录导入 temp_score 表中，使用 insert 语句如下：

```
insert into temp_score select student.id,student.name,score.grade from student,
score where student.id=score.stu_id;
```

将这些数据插入 temp_score 表中以后，就可以直接从 temp_score 表中查询学生的学号、姓名和成绩，省去每次查询时进行多表连接，从而提高查询速度、优化数据库性能。

2. 优化插入记录的速度

1)禁用索引

```
alter table table_name disable keys;
```

2)重新开启索引语句

```
alter table table_name enable keys;
```

3)禁用唯一性检查

```
SET unique_checks=0;
```

4)重新开启唯一性检查

```
SET unique_checks=1;
```

5)优化 insert 语句

(1)方法一。

```
insert into student values(1,'张三','m','1980-07-12','',''),(2,'李四','m','1990-07
-12','',''),(3,'王五','m','1993-07-12','','');
```

(2)方法二。
```
insert into student values(1,'张三','m','1980-07-12','','');
insert into student values(2,'李四','m','1990-07-12','','');
insert into student values(3,'王五','m','1993-07-12','','');
```
方法一减少了数据库之间的连接操作,其速度比方法二快。

实验4.3 数据库备份实验

1. 实验目的和要求

掌握数据库备份的方法及命令。

2. 实验内容

列出数据库备份的方法及命令,深刻体会并且熟练运用SQL命令备份数据库。
注意:本节命令代码都在cmd的dos窗口下完成。

3. 实验步骤

1)逻辑备份

(1)使用MySQLdump备份单个数据库中所有表。
MySQLdump基本语法:
```
MySQLdump -u username -p dbname table1 table2 ...-> BackupName.SQL;
```
dbname参数表示数据库的名称。

table1和table2参数表示需要备份的表名称,为空则整个数据库备份。

BackupName.sql参数表示设计备份文件的名称,文件名前面可以加上一个绝对路径,通常将数据库备份成一个后缀名为sql的文件。

例如:使用root用户备份test数据库下的person表:
```
MySQLdump -u root -p test person>D:\backup.sql;
```
其中workbench中代码如下:
```
create table book (
bookid int(11) NOT NULL,
bookname varchar(255) NOT NULL,
authors varchar(255) NOT NULL,
comment varchar(255) DEFAULT NULL,
year_publication year(4) NOT NULL
) ENGINE=MyISAM DEFAULT CHARSET=utf8;
insert into book VALUES (1,'数据库','王淑芬','还不错',2013);
create table student (
stuno int(11) DEFAULT NULL,
stuname varchar(60) DEFAULT NULL
) ENGINE=InnoDB DEFAULT CHARSET=utf8;
insert into student VALUES (2,'张三'),(3,'李四'),(5,'郝建');
```

```
create table stuinfo (
stuno    int(11) DEFAULT NULL,
class varchar(60) DEFAULT NULL,
city varchar(60) DEFAULT NULL
) ENGINE=InnoDB DEFAULT CHARSET=utf8;
insert into stuinfo VALUES (1,'1班','合肥'),(2,'2班','武汉'),(3,'7班','北京');
```

数据库的记录,如图 1.4.21~图 1.4.24 所示。

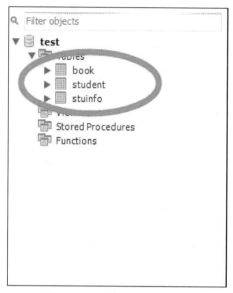

图 1.4.21　数据库显示结果

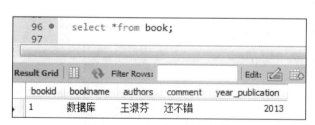

图 1.4.22　book 表显示结果

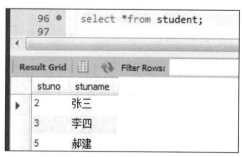

图 1.4.23　学生信息表显示结果 1

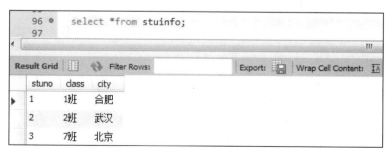

图 1.4.24　学生信息表显示结果 2

在 cmd 命令行输入命令,如图 1.4.25 所示。

图 1.4.25　备份数据库中所有表命令界面

C 盘下面生成 school_2016-4-25.sql 文件,如图 1.4.26 所示。

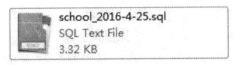

图 1.4.26　数据备份成功显示结果

(2)使用 MySQLdump 备份数据库中某个表。

例如:备份 school 数据库里面的 book 表,如图 1.4.27 所示。

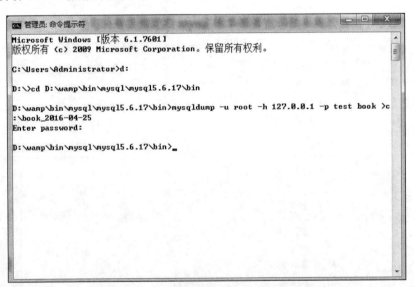

图 1.4.27　备份数据库中 book 表命令界面

备份文件中的内容跟前面介绍的一样,唯一不同的是只包含了 book 表的 create 语句和 insert 语句。

(3)使用 MySQLdump 备份多个数据库。

如需使用 MySQLdump 备份多个数据库,则需 databases 参数。使用 databases 参数之后,必须指定至少一个数据库的名称,多个数据库名称之间用空格隔开。

例如:使用 MySQLdump 备份 school、test 库,如图 1.4.28 所示。

```
D:\wamp\bin\mysql\mysql5.6.17\bin>mysqldump -u root -h 127.0.0.1 -p --databases school test >c:\test_school_2016-04-25
Enter password:
```

图 1.4.28 备份多个数据库命令界面

2)物理备份

(1)直接复制整个数据库目录。

MySQL 保存表为文件方式,直接复制 MySQL 数据库的存储目录及文件就可进行备份。MySQL 的数据库目录位置不一定相同,在 windows 平台下,MySQL5.6 存放数据库的目录通常默认为 C:\Documents and Settings\All User\Application\Data\MySQL\MySQL Server 5.6\data 或者其他用户自定义的目录;在 Linux 平台下,数据库目录位置通常为/var/lib/MySQL/,不同 Linux 版本下目录会不同,这是一种简单、快速、有效的备份方式。要想保持备份一致,备份前需要对相关表执行 Lock Tables 操作,然后对表执行 Flush Tables 操作。当复制数据库目录中的文件时,允许其他客户继续查询表,需要 Flush Tables 语句来确保开始备份前将所有激活的索引页写入磁盘。当然,也可停止 MySQL 服务再进行备份操作。

这种方法虽然简单,但并不是最好的方法,对 Innodb 存储引擎的表不适用。使用这种方法备份的数据最好还原到相同版本的服务器中,不同版本可能不兼容。

注意:在 MySQL 版本中,第一个数字表示主版本号,主版本号相同的 MySQL 数据库文件格式相同。

(2)使用 MySQLhotcopy 工具快速备份。

MySQLhotcopy 是一个 perl 脚本,它使用 Lock Tables、Flush Tables、cp、scp 快速备份数据库。它是备份数据库或单个表的最快途径,但它只能运行在数据库目录所属电脑上,并且只能备份 Myisam 类型的表。

语法如下:

```
MySQLhotcopy db_name_1,...db_name_n /path/to/new_directory;
```

db_name_1...n:要备份的数据库的名称。

path/to/new_directory:备份文件目录。

例如,在 Linux 下面使用 MySQLhotcopy 备份 test 库到/usr/backup。

```
MySQLhotcopy -u root -p test /usr/backup;
```

要想执行 MySQLhotcopy,必须可以访问备份的表文件,具有表的 select 权限、reload 权限(以便能够执行 Flush Tables 操作)和 Lock Tables 权限。

注意:MySQLhotcopy 只是将表所在目录复制到另一个位置,只能用于备份 Myisam 和 Archive 表,备份 Innodb 表会出现错误信息。由于复制的是本地格式文件,故也不能移植到其他硬件或操作系统下。

实验 4.4 数据库恢复实验

备份后的数据可以进行恢复操作,本实验将介绍如何对备份的数据进行恢复操作。

1. MySQL 命令恢复

```
mysql -u root -p123456 test<D:\backup.sql;
```

注意:这种方法不适用于 Innodb 存储引擎的表,但对于 Myisam 存储引擎的表很方便。同时,还原时 MySQL 的版本最好相同。

2. Source 命令恢复

Source 命令需登录 MySQL 数据库才能调用。

登录 MySQL:

```
mysql -u root -p123456;
```

选择数据库:

```
use test
```

Source 命令恢复:

```
source D:\backup.sql;
```

恢复数据库命令界面,如图 1.4.29 所示。

图 1.4.29 恢复数据库命令界面

中 篇

空间数据库实验
(PostGIS)

- □ 实验 5　简单的 SQL 练习与几何图形实验
- □ 实验 6　空间关系与空间连接实验
- □ 实验 7　投影与地理实验

实验5　简单的SQL练习与几何图形实验

1. 实验目的和要求

(1)熟练使用PostGIS提供的SELECT执行简单的SQL查询。

(2)学会针对一些特定空间函数(如points、lines、linestring、polygon等)做一些简单查询。

2. 实验内容

【例1】　纽约街道表中有多少条记录？

```
SELECT Count(*)
FROM nyc_streets;
```

纽约街道表记录结果图如图1.5.1所示。

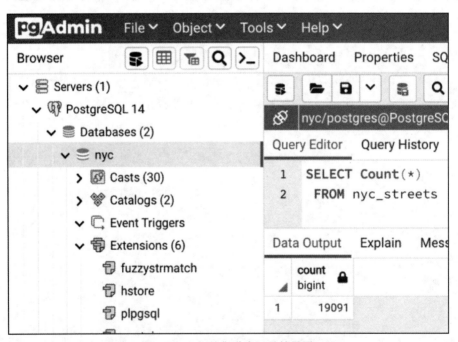

图1.5.1　纽约街道表记录结果图

【例2】　纽约有多少条街道以"B"开头？

```
SELECT Count(*)
FROM nyc_streets WHERE name LIKE 'B%';
```

纽约以"B"开头的街道数量结果如图1.5.2所示。

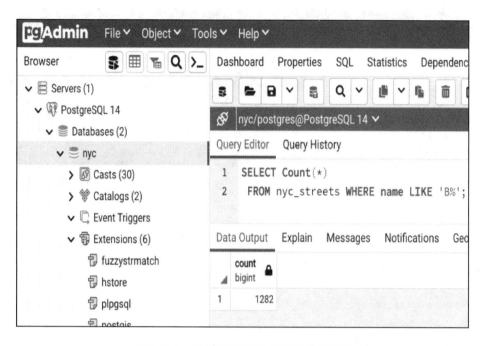

图 1.5.2　纽约以 "B" 开头的街道数量结果

【例 3】　纽约的人口是多少？

```
SELECT Sum(popn_total) AS population
FROM nyc_census_blocks;
```

纽约的人口结果图如图 1.5.3 所示。

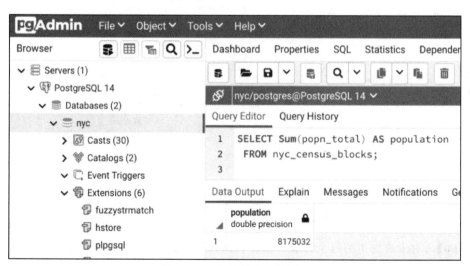

图 1.5.3　纽约的人口结果图

【例 4】　布朗克斯区的人口是多少？

```
SELECT Sum(popn_total)
FROM nyc_census_blocks WHERE boroname='The Bronx';
```

布朗克斯区的人口结果图如图 1.5.4 所示。

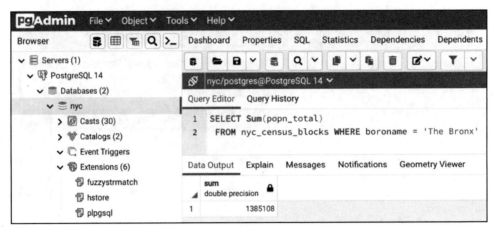

图 1.5.4　布朗克斯区的人口结果图

【例 5】　每个行政区有多少个社区？

```
SELECT boroname,Count(*)
  FROM nyc_neighborhoods
  GROUP BY boroname;
```

每个行政区内社区个数结果图如图 1.5.5 所示。

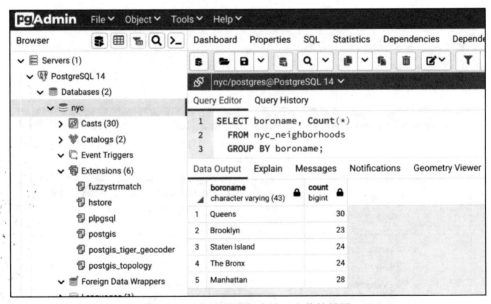

图 1.5.5　每个行政区内社区个数结果图

【例 6】　对于纽约市的每个行政区来说，"白人"占人口的百分比是多少？

```
SELECT
boroname,
100.0 * Sum(popn_white) /
    Sum(popn_total) AS pct
FROM nyc_census_blocks GROUP BY boroname;
```

"白人"占人口的百分比结果图如图 1.5.6 所示。

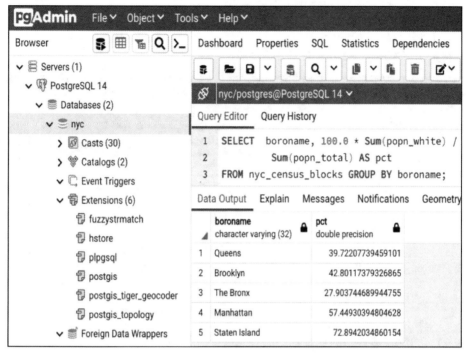

图 1.5.6 "白人"占人口的百分比结果图

【例 7】 "西村"社区的面积是多少？

```
SELECT ST_Area(geom)
FROM nyc_neighborhoods
WHERE name='West Village'
```

"西村"社区的面积结果图如图 1.5.7 所示。

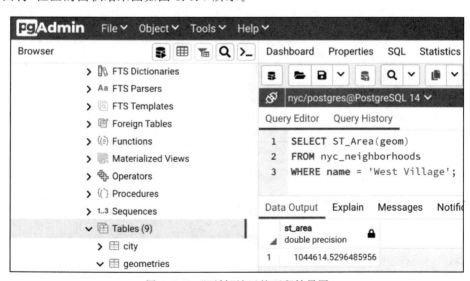

图 1.5.7 "西村"社区的面积结果图

【例8】 "佩勒姆街"的几何类型是什么？长度是多少？
```
SELECT ST_GeometryType(geom),ST_Length(geom)
FROM nyc_streets
WHERE name='Pelham St';
```
"佩勒姆街"的几何类型及长度结果图如图1.5.8所示。

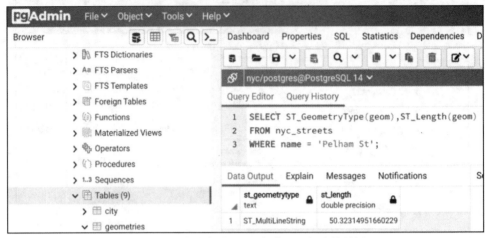

图1.5.8 "佩勒姆街"的几何类型及长度结果图

【例9】 "宽街"地铁站的地理标志是什么？
```
SELECT ST_AsGeoJSON(geom,0)
FROM nyc_subway_stations
WHERE name='Broad St';
```
"宽街"地铁站的地理标志结果图如图1.5.9所示。

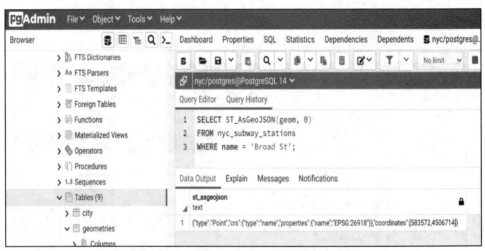

图1.5.9 "宽街"地铁站的地理标志结果图

【例10】 纽约市的街道总长度（以千米为单位）是多少？
```
SELECT Sum(ST_Length(geom)) / 1000
FROM nyc_streets;
```
纽约市的街道总长度结果图如图1.5.10所示。

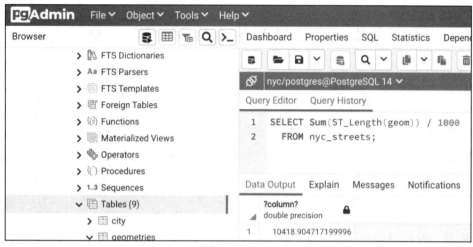

图 1.5.10 纽约市的街道总长度结果图

【例 11】 曼哈顿的面积是多少英亩？
```
SELECT
Sum(ST_Area(geom)) / 4047
FROM nyc_census_blocks
WHERE boroname='Manhattan';
```
曼哈顿的面积结果图如图 1.5.11 所示。

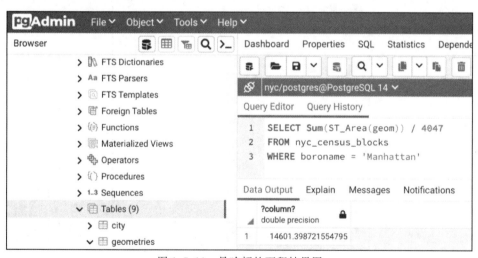

图 1.5.11 曼哈顿的面积结果图

【例 12】 最西边的地铁站是什么？
```
SELECT
ST_X(geom),name
FROM nyc_subway_stations
ORDER BY ST_X(geom)
LIMIT 1;
```
最西边的地铁站输出结果：
563292.1 | Tottenville

实验6　空间关系与空间连接实验

1. 实验目的和要求

(1)加强对空间函数的理解,如 ST_AsText-几何值、点和线的空间关系等。
(2)加强空间连接及其函数的应用。

2. 实验内容

【例1】　名为'Atlantic Commons'"大西洋公地"街道的几何值是多少?
```
SELECT ST_AsText(geom,0)
  FROM nyc_streets
WHERE name='Atlantic Commons';
```
名为'Atlantic Commons'"大西洋公地"街道的几何值结果图如图1.6.1所示。

图1.6.1　名为'Atlantic Commons'"大西洋公地"街道的几何值结果图

【例2】　"POINT(586782 4504202)"位于哪个社区和行政区?
```
SELECT name,boroname
FROM nyc_neighborhoods
WHERE ST_Intersects(
  geom,
  ST_GeomFromText(
'POINT(586782 4504202)',26918)
);
```

POINT(586782 4504202)位置结果图如图 1.6.2 所示。

图 1.6.2　POINT(586782 4504202)位置结果图

【例 3】　大约有多少人住在"大西洋公地"(50 米范围内)?

```
SELECT Sum(popn_total)
FROM nyc_census_blocks
WHERE ST_DWithin(
  geom,
ST_GeomFromText('POINT(586782 4504202)',26918),50 );
```

"大西洋公地"的居住人口结果图如图 1.6.3 所示。

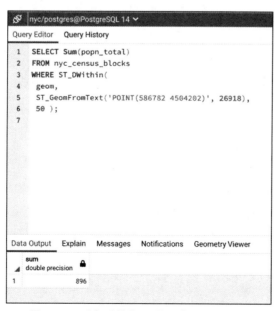

图 1.6.3　"大西洋公地"的居住人口结果图

【例 4】 Atlantic Commons 与哪些街道相连？

```
SELECT name
FROM nyc_streets
WHERE ST_DWithin(
  geom,
  ST_GeomFromText('LINESTRING(586782 4504202,586864 4504216)',26918),
  0.1
);
```

与 Atlantic Commons 相连的街道结果图如图 1.6.4 所示。

图 1.6.4　与 Atlantic Commons 相连的街道结果图

【例 5】 点和线的关系。

```
SELECT
ST_Intersects(l,p),ST_Touches(l,p),
ST_Contains(l,p),ST_Disjoint(l,p),
ST_Overlaps(l,p),ST_Crosses(l,p),
ST_Within(l,p)
FROM (
SELECT
  'LINESTRING(0 0,2 2)'::geometry AS l,
  'POINT(1 1)'::geometry AS p
) AS subquery;
```

点和线的关系结果图如图 1.6.5 所示。

【例 6】 "哥伦布 Cir"和"富尔顿大道"相距多远？

```
SELECT ST_Distance(a.geom,b.geom)
FROM nyc_streets a,
     nyc_streets b
WHERE a.name='Fulton Ave'
AND b.name='Columbus Cir';
```

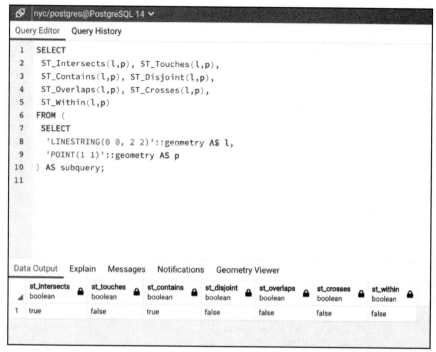

图 1.6.5　点和线的关系结果图

"哥伦布 Cir"和"富尔顿大道"的距离结果图如图 1.6.6 所示。

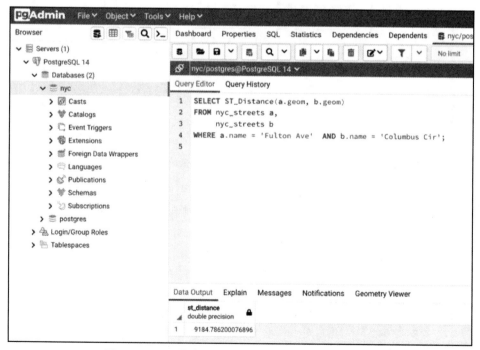

图 1.6.6　"哥伦布 Cir"和"富尔顿大道"的距离结果图

【例7】 "小意大利"有哪些地铁站？这是哪条地铁线路？

```
SELECT s.name,s.routes
FROM nyc_subway_stations AS s
JOIN nyc_neighborhoods AS n
ON ST_Contains(n.geom,s.geom)
WHERE n.name='Little Italy';
```

"小意大利"地铁站信息结果图如图1.6.7所示。

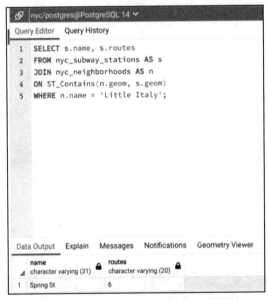

图1.6.7 "小意大利"地铁站信息结果图

【例8】 6号列车为哪些社区提供服务？

```
SELECT DISTINCT n.name,n.boroname
FROM nyc_subway_stations AS s
JOIN nyc_neighborhoods AS n
ON ST_Contains(n.geom,s.geom)
WHERE strpos(s.routes,'6')>0;
```

6号列车提供服务的社区信息结果图如图1.6.8所示。

【例9】 9·11事件发生之后，'Battery Park'公园附近几天都禁止入内。有多少人需要疏散？

```
SELECT Sum(popn_total)
FROM nyc_neighborhoods AS n
JOIN nyc_census_blocks AS c
ON ST_Intersects(n.geom,c.geom)
WHERE n.name='Battery Park';
```

疏散人数输出结果图如图1.6.9所示。

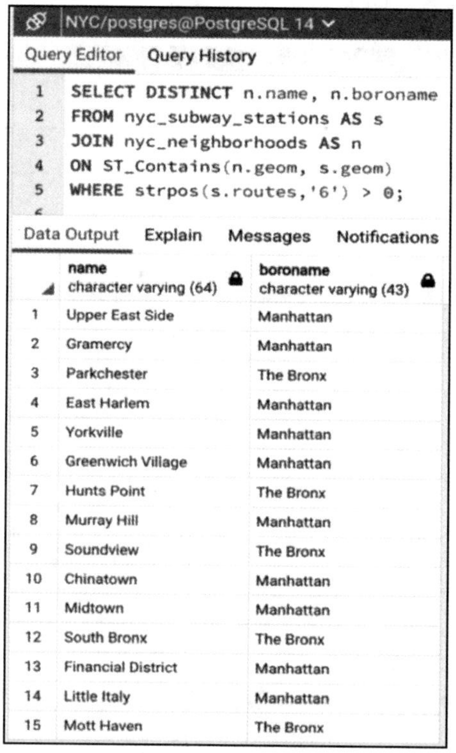

```
SELECT DISTINCT n.name, n.boroname
FROM nyc_subway_stations AS s
JOIN nyc_neighborhoods AS n
ON ST_Contains(n.geom, s.geom)
WHERE strpos(s.routes,'6') > 0;
```

	name	boroname
1	Upper East Side	Manhattan
2	Gramercy	Manhattan
3	Parkchester	The Bronx
4	East Harlem	Manhattan
5	Yorkville	Manhattan
6	Greenwich Village	Manhattan
7	Hunts Point	The Bronx
8	Murray Hill	Manhattan
9	Soundview	The Bronx
10	Chinatown	Manhattan
11	Midtown	Manhattan
12	South Bronx	The Bronx
13	Financial District	Manhattan
14	Little Italy	Manhattan
15	Mott Haven	The Bronx

图 1.6.8　6 号列车提供服务的社区信息结果图

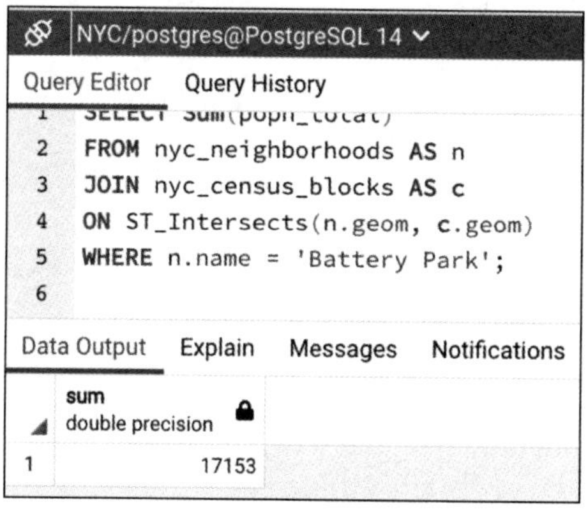

```
SELECT Sum(popn_total)
FROM nyc_neighborhoods AS n
JOIN nyc_census_blocks AS c
ON ST_Intersects(n.geom, c.geom)
WHERE n.name = 'Battery Park';
```

	sum
1	17153

图 1.6.9　疏散人数输出结果图

【例 10】 哪个社区的人口密度最高(人/平方千米)？

```
SELECT n.name,
1000000 * Sum(c.popn_total) /
ST_Area(n.geom) AS popn_per_sqkm
FROM nyc_census_blocks AS c
JOIN nyc_neighborhoods AS n
ON ST_Intersects(c.geom,n.geom)
GROUP BY n.name,n.geom
ORDER BY popn_per_sqkm DESC;
```

人口密度最高社区信息结果图如图1.6.10所示。

图1.6.10　人口密度最高社区信息结果图

实验 7　投影与地理实验

1. 实验目的和要求

（1）深刻理解投影和地理的机理。

（2）通过示例掌握投影与地理相关的函数。

2. 实验内容

【例 1】　以 UTM 18 衡量，纽约所有街道的长度是多少？

```
SELECT Sum(ST_Length(geom))
FROM nyc_streets;
```

UTM 18 衡量的纽约所有街道长度信息结果图如图 1.7.1 所示。

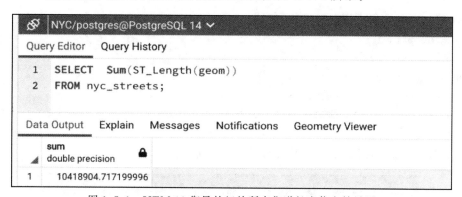

图 1.7.1　UTM 18 衡量的纽约所有街道长度信息结果图

【例 2】　SRID 2831 的 WKT 定义是什么？

```
SELECT srtext
FROM spatial_ref_sys
WHERE SRID=2831;
```

SRID 2831 的 WKT 定义结果图如图 1.7.2 所示。

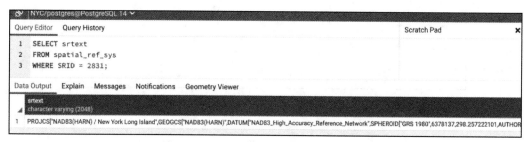

图 1.7.2　SRID 2831 的 WKT 定义结果图

【例3】 根据 SRID 2831(长岛洲际飞机)的测量,纽约所有街道的长度是多少?

```
SELECT Sum(ST_Length(
ST_Transform(geom,2831)
))
FROM nyc_streets;
```

SRID 2831(长岛洲际飞机)测量的纽约所有街道长度信息结果图如图 1.7.3 所示。

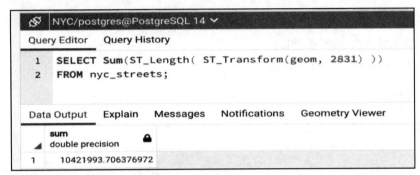

图 1.7.3　SRID 2831(长岛洲际飞机)测量的纽约所有街道长度信息结果图

【例4】 有多少条街道穿过 74 子午线?

```
SELECT Count(*)
FROM nyc_streets
WHERE ST_Intersects(
    ST_Transform(geom,4326),
    'SRID=4326;LINESTRING(-74 20,-74 60)'
    );
```

穿过 74 子午线的街道数量结果图如图 1.7.4 所示。

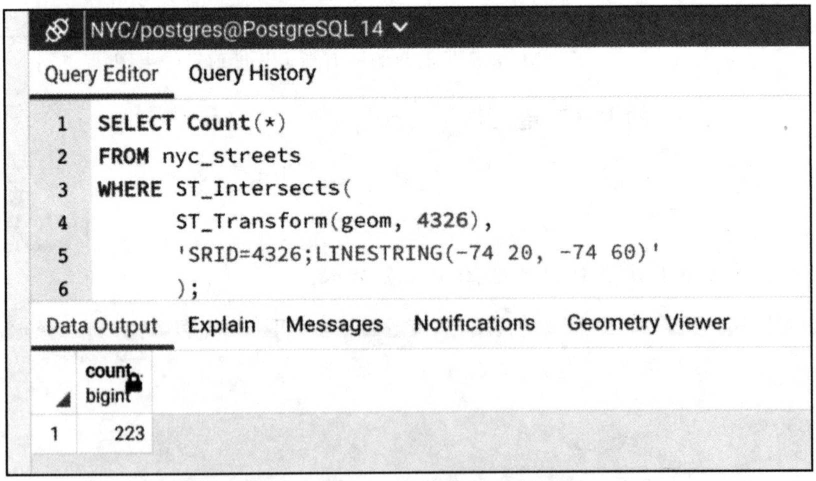

图 1.7.4　穿过 74 子午线的街道数量结果图

【例5】 纽约离西雅图有多远？答案的单位是什么？
```
SELECT ST_Distance(
  'POINT(-74.0064 40.7142)'::geography,
  'POINT(-122.3331 47.6097)'::geography
);
```
纽约离西雅图的距离与单位信息结果图如图1.7.5所示。

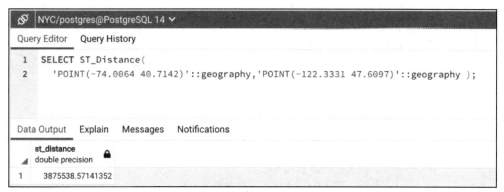

图1.7.5 纽约离西雅图的距离与单位信息结果图

【例6】 以球体计算，纽约所有街道的总长度是多少？
```
SELECT Sum(
  ST_Length(ST_Transform(geom,4326)::geography)
)
FROM nyc_streets;
```
纽约所有街道的总长度结果图如图1.7.6所示。

图1.7.6 纽约所有街道的总长度结果图

【例7】 按平面坐标系统计算，纽约所有街道的总长度是多少？
```
SELECT Sum(
  Geom
)
FROM nyc_streets;
```

纽约所有街道的总长度输出结果：
10 418 904.717

【例8】 'POINT(1 2.0001)'与'POLYGON((0 0,0 2,2 2,2 0,0 0))'是地理相交？还是几何相交？

```
SELECT ST_Intersects(
  'POINT(1 2.0001)'::geography,
  'POLYGON((0 0,0 2,2 2,2 0,0 0))'::geography
)
```

地理相交结果图如图1.7.7所示。

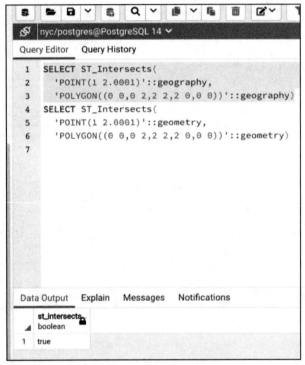

图1.7.7 地理相交结果图

```
SELECT ST_Intersects(
  'POINT(1 2.0001)'::geometry,
  'POLYGON((0 0,0 2,2 2,2 0,0 0))'::geometry
)
```

几何相交结果图如图1.7.8所示。

【例9】 有多少个普查区块不包含自己的中心？

```
SELECT Count(*)
FROM nyc_census_blocks
WHERE NOT
  ST_Contains(
    geom,
    ST_Centroid(geom)
);
```

图 1.7.8 几何相交结果图

不包含自己中心的普查区块个数结果图如图 1.7.9 所示。

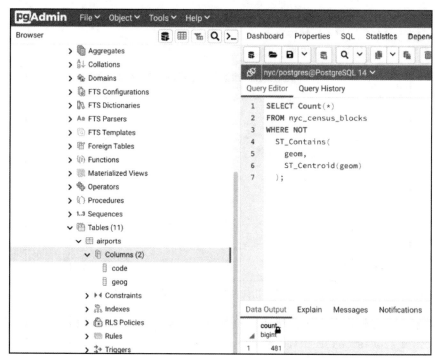

图 1.7.9 不包含自己中心的普查区块个数结果图

【例10】 将所有普查区块合并为一个输出。它是什么样的几何图形？它包含多少部分？

```
CREATE TABLE nyc_census_blocks_merge AS
SELECT ST_Union(geom) AS geom
FROM nyc_census_blocks;
```

几何图形结果图如图1.7.10所示。

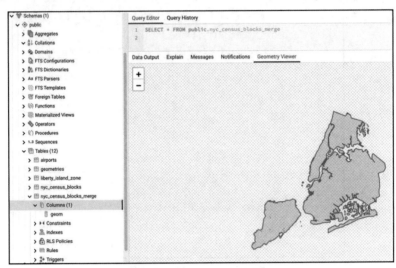

图1.7.10 几何图形结果图

```
SELECT ST_GeometryType(geom),
       ST_NumGeometries(geom)
FROM nyc_census_blocks_merge;
```

几何图形组成部分数量结果图如图1.7.11所示。

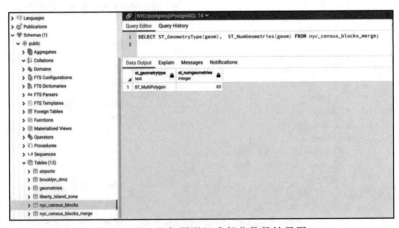

图1.7.11 几何图形组成部分数量结果图

【例11】 "原点周围一个单位缓冲区的面积是多少？它与您预期的有多大不同？"

```
SELECT ST_Area(ST_Buffer('POINT(0 0)',1));
```

原点周围一个单位缓冲区的面积结果图如图1.7.12所示。

```
SELECT pi();
```

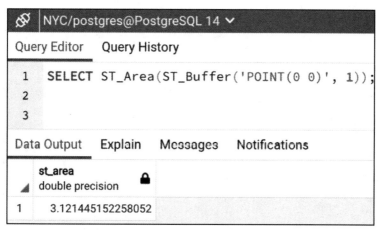

图 1.7.12　原点周围一个单位缓冲区的面积结果图

pi 常量的双精度结果图如图 1.7.13 所示。

图 1.7.13　pi 常量的双精度结果图

【例 12】创建一个新表。

```
CREATE TABLE brooklyn_dmz AS
SELECT
  ST_Intersection (
    ST_Buffer(ps.geom,50),
    ST_Buffer(cg.geom,50))
  AS geom
FROM
  nyc_neighborhoods ps,
  nyc_neighborhoods cg
WHERE ps.name='Park Slope'
AND cg.name='Carroll Gardens';
```

新表创建结果图如图 1.7.14 所示。

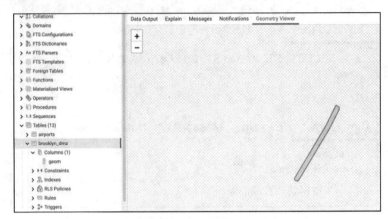

图 1.7.14　新表创建结果图

【例 13】　非军事区的面积是多少？

```
SELECT ST_Area(geom) FROM brooklyn_dmz;
```

非军事区的面积结果图如图 1.7.15 所示。

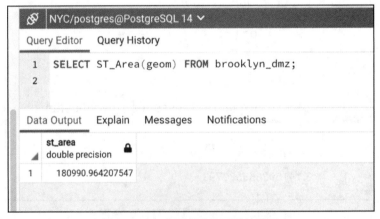

图 1.7.15　非军事区的面积结果图

下 篇

NoSQL 数据库实验
(Redis, MongoDB)

- 实验 8　Redis 实验
- 实验 9　MongoDB 实验
- 实验 10　Redis+MongoDB 综合示例实验

实验 8　Redis 实验

Redis 是一种主要基于内存存储和运行的,能快速响应的键值数据库产品。它的英文全称是 Remote Dictionary Server(远程字典服务器,简称 Redis)。Redis 数据库产品用 ANSIC 语言编写而成。少量数据存储,高速读写访问,是 Redis 的最主要应用场景。

本实验需要掌握的知识点(请在已掌握的内容方框前面打钩)
☐ Redis 命令
☐ Redis 配置及参数
☐ Redis 的应用

实验 8.1　Redis 基本知识

1. 实验目的和要求

(1)熟练掌握 Redis 的命令使用。
(2)熟悉配置文件的参数设置。

2. 实验内容

1)Redis 命令
对字符串进行操作的命令主要分字符串命令和位图命令(表 1.8.1)。

表 1.8.1　字符串操作命令

序号	命令名称	命令功能描述	执行时间复杂度
1	Set	为指定的一个键设置对应的值(任意类型);若已经存在值,则直接覆盖原来的值	O(1)
2	MSet	对多个键设置对应的值(任意类型);若已经存在值,则直接覆盖原来的值。该命令是原子操作,操作过程是排它锁隔离的	O(N)
3	MSetNX	对多个键设置对应的值(任意类型);该命令不允许指定的任何一个键已经在内存中建立,如果有一个键已经建立,则该命令执行失败。它是原子操作,所执行的命令内容要么都成功,要么都不执行。它适合用于通过设置不同的键来表示一个唯一对象的不同字段	O(N)
4	Get	得到指定一个键的字符串值;如果键不存在,则返回 nil 值;如果值不是字符串,就返回错误信息,因为该命令只能处理 String 类型的值	O(1)

续表 1.8.1

序号	命令名称	命令功能描述	执行时间复杂度
5	MGet	得到所有指定键的字符串值,与 Get 的区别是可以同时指定多个键,并可以同时获取多个字符串的值	O(N)
6	Del	删除指定键的值(任意类型)	O(1)
7	StrLen	获取指定键的值为字符串的长度。如果值为非字符串,返回错误信息	O(1)
8	Append	追加字符串。当字符串指定键存在时,把新字符串追加到现有值的后面;若键不存在,则建立新的字符串(该操作类似 Set)	O(1)
9	GetRange	得到指定范围的字符串的子字符串	O(N)
10	GetSet	得到指定字符串键的旧值,然后为键设置新值	
11	SetRange	替换指定键字符串的一部分	O(1)
12	Decr	对整数做原子减 1 操作	O(1)
13	DecrBy	对整数做原子减指定数操作	O(1)
14	Incr	对整数做原子加 1 操作	O(1)
15	IncrBy	对整数做原子加指定数操作	O(1)
16	IncrByFloat	对浮点数做原子加指定数操作	O(1)
17	BitCount	统计字符串指定起止位置的值为"1"比特(Bit)的位数	O(N)
18	SetBit	设置或者清空指定位置的 Bit 值	O(1)
19	GetBit	获取指定位置的 Bit 值	O(1)
20	Bitop	对一个或多个二进制位的字符串进行比特位运算操作	O(N)
21	BitPos	获取字符串里第一个被设置为 1Bit 或 0Bit 的位置	O(N)
22	BitField	对指定字符串数据进行位数组寻址、位值自增自减等操作	O(1)

(1) Set 命令。

语法:SET key value [EX seconds] [PX milliseconds] [NX|XX]

参数说明:

key value:必选项,填写字符串键和值,键和值中间空一格。

EX seconds:设置指定的到期时间,以秒为单位。

PX milliseconds:设置指定的到期时间,以毫秒为单位。

NX:如果指定的键不存在,仅建立键名。

XX:只有指定的键存在时,才能设置对应的值。

返回值:命令执行正常,返回 OK;如果命令加了 NX 或 XX 参数,但是命令未执行成功,则返回 Nil。

命令功能说明:为指定的一个键设置对应的值(任意类型);若已经存在值,则直接覆盖原来的值。

```
$redis-cli
r>Set BookName "《C 语言》"  //设置键名为 BookName,值为"《C 语言》"的字符串
OK    //返回值
```
设置键名为"BookName",值为"《C 语言》"的字符串结果图,如图 1.8.1 所示。

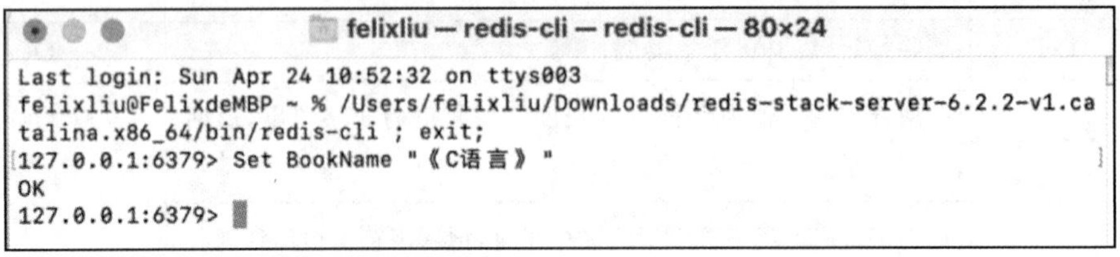

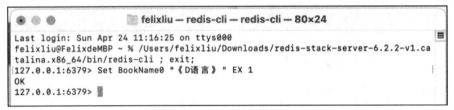

图 1.8.1　设置键名为"BookName",值为"《C 语言》"的字符串结果图

```
r>Set BookName0 "《D 语言》" EX 1  //1 秒后 BookName 过期
OK    //返回值
```
指定键名"BookName0"1 秒后过期的结果图,如图 1.8.2 所示。

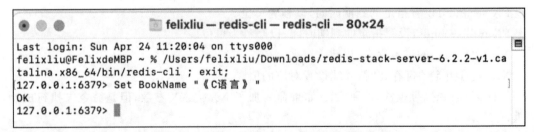

图 1.8.2　指定键名"BookName0"1 秒后过期的结果图

(2)Get 命令。

语法:Get key。

参数说明:

Key:指定需要读取字符串的键。

返回值:返回指定键对应的值;键不存在时,返回 nil。

命令功能说明:得到指定一个键的字符串值;如果键不存在,则返回 nil 值;如果值不是字符串,就返回错误信息,因为该命令只能处理 String 类型的值。

```
$redis-cli
r>Set BookName "《C 语言》"  //设置键名为 BookName,值为"《C 语言》"的字符串
OK    //返回值
```
设置值为"《C 语言》"的字符串结果图,如图 1.8.3 所示。

图 1.8.3　设置值为"《C 语言》"的字符串结果图

```
r>Get BookName
"《C语言》"    //返回值
```
得到值为"《C语言》"的字符串结果图,如图1.8.4所示。

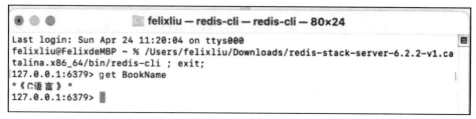

图1.8.4　得到值为"《C语言》"的字符串结果图

(3)Del 命令。

语法:DEL key [key ...]。

参数说明:

key 指定需要删除的字符串键,允许一次删除多个。

返回值:被删除字符串的个数。

命令功能说明:删除指定键的值(任意类型)。

```
r>Set FirstName "TomCat1 "
OK
r>Set SecondName "TomCat2 "
OK
r>Get FirstName
" TomCat1 "
r>Get SecondName
" TomCat2 "
r>Del FirstName SecondName    //一次删除两个字符串
(integer) 2    //返回值为2
r>Get SecondName
(nil)    //返回值为nil,意味该字符串在内存中不存在了
```

删除字符串结果图,如图1.8.5所示。

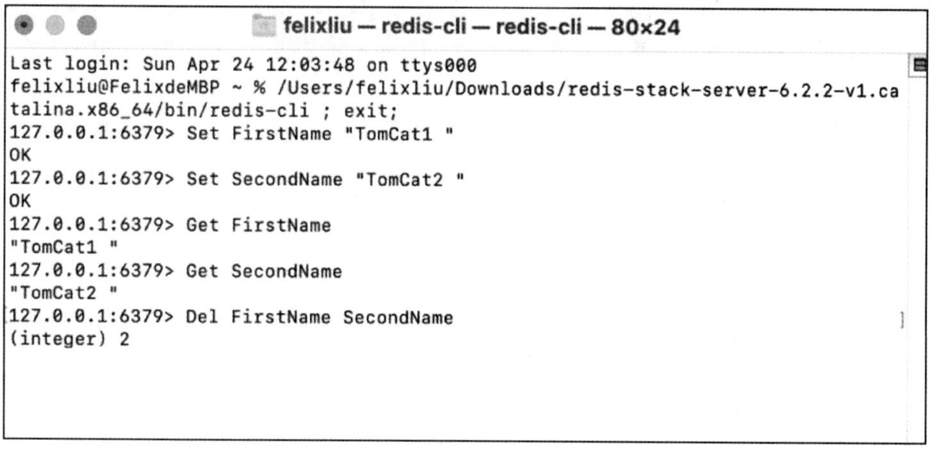

图1.8.5　删除字符串结果图

(4) StrLen 命令。

语法:StrLen key。

参数说明:

Key 指定需要获取长度的字符串键。

返回值:返回字符串长度;如果值为非字符串,则返回错误信息;如果键不存在,则返回 0。

命令功能说明:获取指定键的值为字符串的长度。如果值为非字符串,返回错误信息。

```
r>Set MyName "张三"
OK
r>StrLen MyName
(integer) 4              //一个汉字 2 个字节,两个汉字 4 个字节
r>StrLen Sky
(integer) 0
```

获取 MyName 键的值为"张三"的长度结果图,如图 1.8.6 所示。

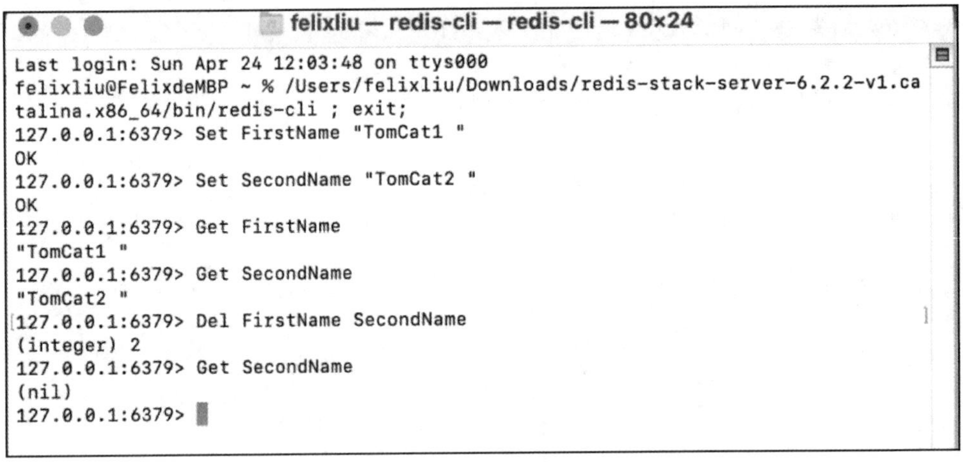

图 1.8.6 获取 MyName 键的值为"张三"的长度结果图

2)Redis 配置及参数

Redis 在默认配置文件的情况下也可以很好地运行。但是在实际生产环境下为了保证 Redis 数据库高效、安全、有序地运行,必须熟练掌握 Redis 配置文件及相关参数,并合理设置。此外,通过学习 Redis 配置文件相关参数,有利于读者更好地了解 Redis 命令执行的过程。

在 Redis 数据库系统刚刚安装完成启动数据库服务时,在操作系统环境下必须采用如下格式,才能生成 Redis.conf 文件,不然,Redis 会启动内存自带的配置文件(在硬盘安装路径下无法找到)。

```
$ ./redis-server redis.conf
```

设置 Redis.Conf 文件参数有以下几种形式:

(1)启动 Redis 服务器,带参数配置,该方法适用于技术人员的测试使用。

```
$ ./redis-server -slaveof 127.0.0.1 8000    //通过该方式传递参数,必须在参数前加--r>
```

该执行方式先直接影响内存上的配置文件项,如果 Redis 开启了持久性,在一定的时间间隔的情况下,自动会刷新到磁盘 Redis.conf 文件上。所以,在刷新前,若节点出现停电等问

题,将导致新增配置内容丢失。

(2)在 Redis 服务运行期间,通过配置命令,更改参数设置。

Redis 允许在运行期间更改服务器配置参数,如 Cluster Meet、Cluster FailOver 等命令的执行,附带影响相关参数设置值;也可以通过 Congfig set 和 Config Get 命令来实现。

```
r> Config Get *        //获取当前节点的 Redis.conf 信息
//下面为 Redis.conf 文件的详细内容
# Redis configuration file example
# Note on units: when memory size is needed,it is possible to specify
# it in the usual form of 1k 5GB 4M and so forth:
#
# 1k=>1000 bytes
# 1kb=>1024 bytes
# 1m=>1000000 bytes
# 1mb=>1024*1024 bytes
# 1g=>1000000000 bytes
# 1gb=>1024*1024*1024 bytes
#
# Accept connections on the specified port,default is 6379.
# If port 0 is specified Redis will not listen on a TCP socket.
port 6379    //Redis 服务数据库端口号
```

更改参数设置结果图,如图 1.8.7 所示。

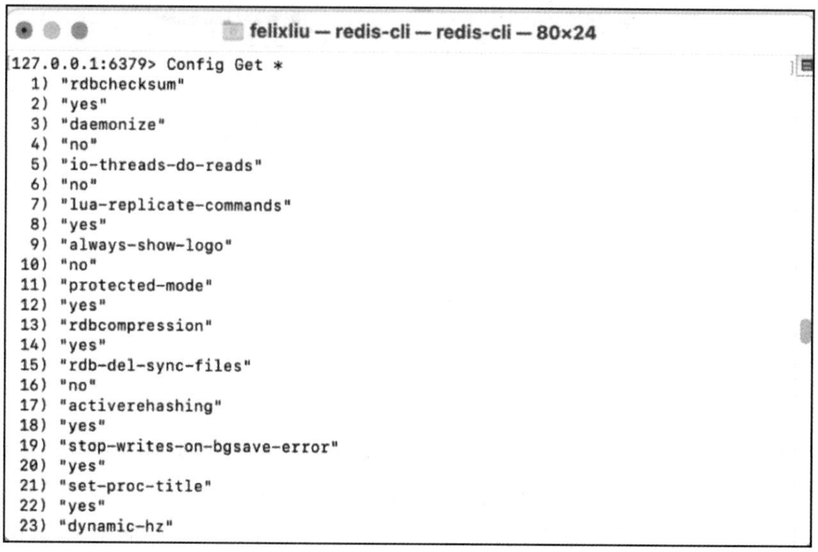

图 1.8.7 更改参数设置结果图

这里可以通过如下命令,修改上述配置文件里的 Port 号。

```
r>config Set port 8000
OK
```

配置文件主要参数:

常用(General)、快照(SnapShotting)、主从复制(Replication)、安全(Security)、限制

(Limits)、AOF 持久化(Append Only Mode)、Lua 脚本运行最大时限(Lua Scripting)、Redis 集群(Redis Cluster)、慢命令记录日志(Slow Log)、延迟监控(Latency Monitor)、数据集事件通知(Event Notification)、高级配置(Advanced Config)。以下网址可以找到不同 Redis 版本的配置文件信息：https://redis.io/topics/config。

实验 8.2　Redis 简单应用

1. 实验目的和要求

(1)熟悉管道技术的应用。
(2)熟悉并掌握 Redis 集群安装。

2. 实验内容

1)管道技术

(1)管道技术原理。

Redis 数据库从客户端到服务器传输命令,采用请求-响应的 TCP 通信协议。如一个命令从客户端发出查询请求,并往往采用阻塞方式监听 Socket 接口,直到服务器端返回执行结果信号,一个命令的执行时间周期才结束,这个时间周期叫 RTT(Round Trip Time,往返时间),其实现原理如图 1.8.8 所示。

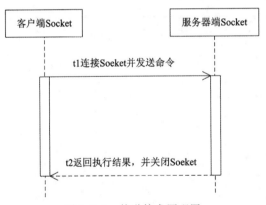

图 1.8.8　管道技术原理图

如一条命令的 RTT 延长到 200ms,那么 10 条连续的命令将消耗 2000ms 的时间,这将制约客户端跟服务器端快速处理命令的条数,也会影响用户使用体验。于是人们发明了管道技术,其基本原理是,先批量发送命令,而不是一个个返回执行命令,等服务器端接收所有命令后,在服务器端一起执行,最后把执行结果一次性发送回客户端。这样可以减少命令的返回次数,并减少阻塞时间,被证明是可以大幅提高命令的执行效率的。

(2)基于 Java 的管道技术使用。

```java
package com.testpiple.redisdemo;
import java.io.IOException;
import org.junit.After;
import org.junit.Before;
import org.junit.Test;
import redis.clients.jedis.Jedis;
import redis.clients.jedis.Pipeline;
import redis.clients.jedis.Response;
import java.util.Set;
import com.testpiple.demo.redis.RedisUtil;
// 管道技术与非管道技术比较测试
public class RedisTest {
private Jedis jedis;
    @Before                  // 注解 before 表示在方法前执行
    public void initJedis() throws IOException {
        jedis=RedisUtil.initPool().getResource();//调用连接数据库功能
    }
    @Test(timeout=1000)    // timeout 表示该测试方法执行超过 1000ms 会抛出异常
    public void PilecommendTest() {
        jedis.flushDB();         //调用 flushDB 命令,清除指定服务器上的 0 号数据库数据
        long t1=System.currentTimeMillis();
        noPipeline(jedis);              //无管道方式执行集合 10000 条插入命令
        long t2=System.currentTimeMillis();
        System.out.printf("非管道方式用时:%dms",t2-t1);  //打印非管道方式所用时间
        jedis.flushDB();         //调用 flushDB 命令,清除指定服务器上的 0 号数据库数据
        t1=System.currentTimeMillis();
        usePipeline(jedis);              //管道方式执行集合 10000 条插入命令
        t2=System.currentTimeMillis();
        System.out.printf("管道方式用时:%dms",t2-t1);//打印管道方式执行所用时间
    }
@After
    public void closeJedis() {
        jedis.close();
    }
private static void noPipeline(Jedis jedis) {

        try {
            for (int i=0; i<10000; i++) {   //循环一次提交一条命令
              jedis.SAdd("SetAdd",i );//往集合 SetAdd 里连续加 10000 个数据
            }
        }
```

```java
            catch (Exception e) {
                e.printStackTrace();
            }
        }
    private static void usePipeline(Jedis jedis) {
        try {
            Pipeline pl=jedis.pipelined();//启动管道
            for ((int i=0; i<10000; i++) {
                pl.SAdd("SAdd",i);//往集合 SetAdd 里连续加 10000 个数据
            }
            pl.sync();//用管道方式提交 10000 个命令
        }
        catch (Exception e) {
            e.printStackTrace();
        }
    }
}
```

2)集群安装

如果读者面对的是高并发访问量的大网站(如大电商天猫、京东、淘宝、亚马逊、易趣、当当、腾讯拍拍等),可以考虑对 Redis 进行集群分布式处理,目的很明确,通过更多的服务器加 Redis 集群功能实现更好的高并发数据的处理和服务。这一部分将实现模拟 3 个主节点、3 个从节点的 Redis 集群安装。

(1)安装清单(为了方便读者测试,这里采用单机模拟;实际生产环境修改 IP 地址即可)。

```
Master1:127.0.0.1:8000     //主节点 1,指定 IP:Port
Slave1: 127.0.0.11:8010    //从节点 1,指定 IP:Port
Master2:127.0.0.2:8001     //主节点 2,指定 IP:Port
Slave2: 127.0.0.12:8011    //从节点 2,指定 IP:Port
Master3:127.0.0.3:8002     //主节点 3,指定 IP:Port
Slave3: 127.0.0.13:8012    //从节点 3,指定 IP:Port
```

(2)在 Linux 操作环境下,安装集群用集群安装工具(redis-trib 工具)。

第一步:下载、解压、编译、安装 Redis 安装包。

第二步:将 Redis-trib.rb 文件复制到/usr/local/bin/路径下。

```
$cd src     //在 redis 安装路径,本书为/root/lamp/redis-3.2.9里的子路径
$cp redis-trib.rb /usr/local/bin/
```

第三步:在 Linux 操作系统上,建立安装集群的子文件路径。

文件路径规划:在/root/software/下建立 redis_cluster 子路径,然后在该子路径上再建立 6 个节点安装路径,各个节点的子路径名用各自的端口号表示。

```
/root/software/redis_cluster/8000    //主节点 1 的安装路径
/root/software/redis_cluster/8001    //主节点 2 的安装路径
/root/software/redis_cluster/8002    //主节点 3 的安装路径
/root/software/redis_cluster/8010    //从节点 1 的安装路径
/root/software/redis_cluster/8011    //从节点 2 的安装路径
/root/software/redis_cluster/8012    //从节点 3 的安装路径
$cd /root/software/    //切换到/root/software/路径
$mkdir redis_cluster    //建立 redis_cluster 子路径
$cd redis_cluster
$mkdir 8000 8001 8002 8010 8011 8012    //建立 6 个子文件路径
```

第四步:修改配置文件,并拷贝到指定的子路径上。

```
$cd /usr/local/redis/etc/    //切换到 redis.conf 存放路径下
$Vi redis.conf
```

然后在 Vi 里修改如下配置文件。

```
port   8000    //端口 8000,8001,8002,8010,8011,8012
bind 本机 ip    //默认 ip 为 127.0.0.1,生产环境下必须改为实际服务器的 IP
daemonize   yes    //启动 redis 后台守护进程
pidfile  /var/run/redis_8000.pid //pidfile 文件对应 8000,8001,8002,8010,8011,8012
cluster-enabled  yes    //开启集群  把注释# 去掉
cluster-config-file  nodes_8000.conf  //集群节点的配置  配置文件首次启动自动生成
8000,8001,8002,8010,8011,8012
cluster-node-timeout  15000    //集群节点互连超时设置,默认 15s
appendonly   yes    //开启 AOF 持久化
```

然后把该文件拷贝到/root/software/redis_cluster/8000 上。

```
$/usr/local/redis/etc/cp redis.conf /root/software/redis_cluster/8000
```

第五步:把 redis-server 可执行文件拷贝到 6 个节点的文件路径下。

```
$ /usr/local/redis/bin/cp redis-server /root/software/redis_cluster/8000
```

第六步:启动所有节点。

```
$cd /root/software/redis_cluster/8000
$redis-server ./redis.conf
$cd /root/software/redis_cluster/8001
$redis-server ./redis.conf
$cd /root/software/redis_cluster/8002
$redis-server ./redis.conf
$cd /root/software/redis_cluster/8010
$redis-server ./redis.conf
$cd /root/software/redis_cluster/8011
$redis-server ./redis.conf
$cd /root/software/redis_cluster/8012
$redis-server ./redis.conf
```

第七步:升级 ruby 并安装 gem。

Redis-trib.rb 工具是用 ruby 语言开发完成的,所以要安装 ruby 才能使用该工具。

从 ruby 官方网站 http://www.ruby-lang.org/en/downloads/下载最新安装包 ruby-2.4.1.tar.gz(版本允许有些差异),在 linux 上进行解压、编译,然后执行如下安装命令。

```
$yum -y install ruby ruby-devel rubygems rpm-build
$gem install redis
```

第八步:用 redis-trib.rb 命令创建集群。

```
$redis-trib.rb create -replicas 1 127.0.0.1:8000 127.0.0.1:8001 127.0.0.1:8002 127.0.0.1:8010 127.0.0.1:8011 127.0.0.1:8012
//replicas 1 表示一个主节点必须有一个从节点
```

在 reid-trib.rb 命令后,若执行成功,将会出现若干条提示信息,其中有一条是"Can I set the above configuration?(type 'Yes' to accept):"。输入 yes 即可。然后,会显示一系列集群建立信息,其中关于自动生成的 Master 节点和 Slave 节点信息摘取如下:

```
M: 7556689b3dacc00ee31cb82bb4a3a0fcda39db75 127.0.0.1:8000
   slots:0-5460 (5461 slots) master
M: 29cc0b04ce1485f2d73d36c204530b38c69db463 127.0.0.1:8001
   slots:5461-10922 (5462 slots) master
M: 8c8c363fed795d56b319640ca696e74fbbbd3c77 127.0.0.1:8002
   slots:10923-16383 (5461 slots) master
S: 6ca5cc8273f06880f63ea8ef9ef0f26ee68677f8 127.0.0.1:8010
   replicates 7556689b3dacc00ee31cb82bb4a3a0fcda39db75
S: c47d9b24c51eea56723ebf40b5dd7bb627a0d92d 127.0.0.1:8011
   replicates 29cc0b04ce1485f2d73d36c204530b38c69db463
S: e16c5b58943ed11dda1a90e5cacb10f42f4fcc53 127.0.0.1:8012
   replicates 8c8c363fed795d56b319640ca696e74fbbbd3c77
```

第九步:测试集群。

在集群安装完成后,可通过客户端测试集群是否可以正常使用,这里采用 Redis-cli 工具来实现。

```
$ redis-cli -c -p 8000    //参数 c 为开启 reidis cluster 模式,连接 redis cluster 节点时候
使用,在 Redis 集群中是必选项;p 参数为连接端口号。
redis 127.0.0.1:8000>set BookName "《C 语言》"  //在 8000 节点,建立一个字符串
-> Redirected to slot [12182] located at 127.0.0.1:8001
OK    //该建立的 Key 对象通过插槽运算分配到 8001 节点的 12182 插槽里
redis 127.0.0.1:8001>set BookID 10010 //在 8001 节点建立新的字符串对象
-> Redirected to slot [866] located at 127.0.0.1:8000
OK    //通过插槽运算,保存到 8000 节点 866 插槽指定的位置
redis 127.0.0.1:8000>get BookName    //在节点 8000 查找 BookName 的值
-> Redirected to slot [12182] located at 127.0.0.1:8001
"《C 语言》"     //在节点 8001 的 12182 插槽里找到 BookName 值
redis 127.0.0.1:8000>get BookID      //在节点 8000 里查找 BookID 的值
-> Redirected to slot [866] located at 127.0.0.1:8000
"10010"
```

3)模拟节点故障

(1)用 Linux 的 Kill 命令强制终止 8002 节点运行,模拟该节点故障。

```
$ ps -ef |grep redis    //Linux 的 ps 命令为查看当前的进程命令,通过 grep 命令过滤出 redis
进程
root    3521 1   0 21:41 ?         00:00:00 ../../src/redis-server*:8000[cluster]
root    3522     1  0 21:41 ?        00:00:00 ../../src/redis-server*:8001 [cluster]
root         3525       1    0 21:41 ?           00:00:00 ../../src/redis-server*:8002
[cluster]
root         3537       1    0 21:41 ?           00:00:00 ../../src/redis-server*:8010
[cluster]
root         3549       1    0 21:41 ?           00:00:00 ../../src/redis-server*:8011
[cluster]
root         3540       1    0 21:41 ?           00:00:00 ../../src/redis-server*:8012
[cluster]
$ kill -9 3525      // 3525 为 8002 节点的 Redis 进程 ID 号
```

(2)用 cluster nodes 命令查看集群节点运行情况。

```
$ redis-cli -c -p 8000
127.0.0.1:8000> cluster nodes
6ca5cc8273f06880f63ea8ef9ef0f26ee68677f8 127.0.0.1:8010@40004 slave
7556689b3dacc00ee31cb82bb4a3a0fcda39db75 0 1473688179624 4 connected
8002 节点未启处于故障状态
c47d9b24c51eea56723ebf40b5dd7bb627a0d92d         127.0.0.1:8011@40005         slave
29cc0b04ce1485f2d73d36c204530b38c69db463 0 1473688179624 5 connected
8c8c363fed795d56b319640ca696e74fbbbd3c77 127.0.0.1:8002@40003 master,
fail -1473688174327 1473688173499 3 disconnected
29cc0b04ce1485f2d73d36c204530b38c69db463 127.0.0.1:8001@40002 master -0
8012 从节点自动升级为主节点
1473688179624 2 connected 5461-10922 e16c5b58943ed11dda1a90e5cacb10f42f4fcc53 127.
0.0.1:8012@40006 master -0
1473688179624 7 connected 10923-16383
7556689b3dacc00ee31cb82bb4a3a0fcda39db75 127.0.0.1:8000@40001 myself,master -0 0 1
connected 0-5460
```

Redis 自动切换故障节点后,技术人员就可以对 8002 故障节点进行维修,这里出现故障的情况可以是服务器硬件损坏、网络线路断开、Redis 数据库崩溃等。

当技术人员完成故障排除后,就可以恢复该节点了。在实际生产环境下运行集群时,必须要考虑到在修复 8002 节点过程,8012 节点已经新接收了不少业务数据,在这样的情况下,把 8002 恢复为 8012 的从节点即可,其操作过程如下:

```
$ ../../src/redis-server --port 8002 --cluster-enabled yes
-- cluster - config - file nodes - 8002. conf - - cluster - node - timeout 15000 - -
appendonly yes
--appendfilename appendonly-8002.aof --dbfilename dump-8002.rdb
--logfile 8002.log --daemonize yes
```

4)加减节点

(1)增加一个主节点,端口号为 8003。

```
$ ./redis-trib.rb add-node 127.0.0.1:8003 127.0,0.0:8000
```

在 redis-cli 环境下,用 Cluster nodes 可以查找到 8003 节点已经被添加到集群之中。
(2)为 8003 主节点增加一个从节点。

```
$ ./redis-trib.rb add-node --slave --master-id
f093c80dde814da99c5cf72a7dd01590792b783b 127.0.0.1:8013 127.0.0.1:8000
```

然后,通过 Cluster nodes 命令可以查询到新增加的从节点信息。
(3)移除一个节点。

```
$ ./redis-trib del-node 127.0.0.1:8000 3c3a0c74aae0b56170ccb03a76b60cfe7dc1912e
```

(4)迁移节点数据。

```
$ ./ redis-trib.rb reshard 127.0.0.1:8000 -from all to
f093c80dde814da99c5cf72a7dd01590792b783b -slots 4000 --yes
```

上述命令实现了把 3 个主节点数据(4000 个插槽含数据)均匀迁移到 8003。

实验 9　MongoDB 实验

MongoDB 是 NOSQL 数据库里非常有名的一款文档数据库产品,在文档数据库里排行第一,被国内外很多著名互联网企业使用和认可,该数据库学习相对简单,容易入门。

本实验需要掌握的知识点(请在已掌握的内容方框前面打钩)

☐ MongoDB 数据库建立基本原则
☐ MongoDB 基本操作
☐ BASE 操作
☐ 高级索引及索引限制
☐ 查询高级分析

实验 9.1　MongoDB 基本知识

1. 实验目的和要求

(1) 熟练掌握 MongoDB 基本使用技巧。
(2) 掌握 MongoDB 八大基本数据库操作命令,并能熟练应用。

2. 实验内容

1) MongoDB 数据库建立基本原则

在 MongoDB 数据库初始安装完成后,默认的数据库是 test,读者可以在其上做各种练习操作。当然实际生产环境下我们自己需要建立更多的数据库实例,由此,需要掌握建立自定义数据库名称的基本规则。

(1) 数据库名称定义规则(表 1.9.1)。
(2) 集合名称定义规则(表 1.9.2)。
(3) 文档键的定义规则(表 1.9.3)。
(4) 文档值数据类型(表 1.9.4)。

表 1.9.1　数据库名称定义规则

序号	规则
1	不能是空字符串,如""
2	不得含有' '(空格)、.、$、/、\、\0(空字符)
3	区分大小写,建议全部小写
4	名称最多为 64 字节
5	不得使用保留的数据库名,如 admin、local、config、test

表1.9.2 集合名称定义规则

序号	规则
1	不能是空字符串,如""
2	不得含有$、\0(空字符)
3	不能以"system."开头,这是为系统集合保留的前缀
4	用"."来组织子集合,如 book.itbook

表1.9.3 文档键的定义规则

序号	规则
1	不能包含\0字符(空字符),这个字符表示键的结束
2	"."和"$"是被保留的,只能在特定环境下用
3	区分类型(如字符串、整数等),同时也区分大小写
4	键不能重复,在一条文档里起唯一的作用

表1.9.4 文档值数据类型

数据类型	描述	举例
null	表示空值或者未定义的对象	{"otherbook":null}
布尔值	真或者假:true 或者 false	{"allowing":true}
32位整数	shell不支持该类型,默认会转换成64位浮点数,也可以使用 NumberInt 类	{"number":NumberInt("3")}
64位整数	shell不支持该类型,默认会转换成64位浮点数,也可以使用 NumberLong 类	{"longnumber":NumberLong("3")}
64位浮点数	shell中的数字就是这一种类型	{"price":23.5}
字符串	UTF-8字符串	{"bookname":"《c 语言编程》"}
符号	shell不支持,shell会将数据库中的符号类型的数据自动转换成字符串	★βα€
对象id	文档的12字节的唯一id,保证一条文档记录的唯一性。可以在服务器端自动生成,也可以在代码端生成,允许程序员自行指定 id 值	{"id":ObjectId()}
日期	从标准纪元开始的毫秒数	{"saledate":new Date()}
正则表达式	文档中可以包含正则表达式,遵循 JavaScript 的语法	{"foo":/foobar/i}
代码	文档中可以包含 JavaScript 代码	{"nodeprocess":function() {}}
undefined	未定义	{"Explain":undefined}
数组	值的集合或者列表	{"books":["《c 语言》","《Java 语言》"]}
内嵌文档	JSON、XML 等文档本身	{bookname:"《c 语言》",bookpice:33.2,baseinf: {ISBN:1888,press:"清华大学出版社"}}

2)数据库建立

(1)数据库类型。

①Admin 数据库:一个权限数据库,如果创建用户的时候将该用户添加到 admin 数据库中,那么该用户就自动继承了所有数据库的权限。

②Local 数据库:这个数据库永远不会被复制,可以用来存储本地单台服务器的任意集合。

③Config 数据库:当 MongoDB 使用分片模式时,config 数据库在内部使用,用于保存分片的信息。

④Test 数据库:MongoDB 安装后的默认数据库,可以用于数据库命令的各种操作,包括测试;上述数据库为 MongoDB 安装完成后的保留数据库。

⑤自定义数据库:根据应用系统需要建立的业务数据库。

(2)使用 MongoDB 数据库建立相关命令。

①使用"use"命令创建自定义数据库。

语法:use 数据库名。

实例:

```
>use goodsdb        //在 Shell 环境下执行
```

②查看数据库 show dbs。

语法:show dbs。

实例:

```
>show dbs              //可以在任意当前数据库上执行该命令
admin      0.000GB    //保留数据库,admin
goodsdb    0.000GB    //自定义数据库,goodsdb,该数据库里已经插入几条记录了
local      0.000GB    //保留数据库,local
test       0.000GB    //保留数据库,test
```

③统计某数据库信息 db.stats()。

语法:db.stats()。

实例:

```
>use test                //选择 test 数据库
>db.stats()              //执行 db.stats() 命令,执行结果显示如下:
{
"db":"test",      //系统自带测试数据库
"collections":2,     //集合数量,刚刚安装为 0
"views":0,
"objects":3,        //文档对象的个数,所有集合的记录数之和
"avgObjSize":55.66666664,    //平均每个对象的大小,通过 dataSize / objects 得到
"dataSize":167,      //当前库所有集合的数据大小
"storageSize":49152    //磁盘存储大小
"numExtents":0,     //所有集合的扩展数据量统计数
"indexes":2,       //已建立索引数量,
"indexSize":49152,    //索引大小
"ok":1
}
```

④删除数据库 dropdatabase()。

语法:db.dropDatabase()   //删除当前数据库。

实例:

```
>use goodsdb    //连接到 goodsdb 数据库
>db.dropDatabase()           //执行删除当前数据库命令
{ "ok" : 1 }    //显示删除成功
```

⑤查看当前数据库下的集合名称 getCollectionNames()。

语法:db.getCollectionNames()   //查看当前数据库下的所有集合的名称。

实例:

```
>db.getCollectionNames()
```

3)插入文档操作

(1)启动 Mongodb 进入 Mongo Shell 界面。

(2)认识和使用插入(Insert)语句。

语法:db.collection.insert。

```
(<document or array of documents> ,//必填写字段
{ //可选字段
  writeConcern:<document> ,
  ordered:<boolean>    //缺省值为 True
}
)
```

命令说明:在集合里插入一条或多条文档。

(3)在 Mongo 控制台上输入并执行下面命令。

【例1】 插入一条简单文档。

```
>use goodsdb                              //若 goodsdb 已经存在,则选择为当前数据库,否
则建立数据库名
Switched to db goodsdb           //use 执行成功提示信息
> db.goodsbaseinf.insert({name:"<C 语言编程> ",price:32})
WriteResult({ "nInserted" : 1 })    //插入成功提示
> db.goodsbaseinf.find()            //
{ "_id" :ObjectId("593214cc902fb7b0c344eaab"),"name" : "<C 语言编程> ","price": 32}
```

【例2】 插入一条复杂文档。

```
> db.goodsbaseinf.insert(    //为了美观,可以在 mongo 输入过程,键盘回车另起输入
{
  name:"《c 语言》",
  bookprice:33.2,
  adddate:2017-10-1,
  allow:true,
  baseinf:{
  ISBN:183838388,press:"清华大学出版社"},
  tags:["good","book","it","Program"]
}
)
```

```
> db.goodsbaseinf.find()
{ "_id" :ObjectId("625c14db834d7c34dfa9ac88"),"name" : "<C语言编程> ","price" : 32 }
{ "_id" : ObjectId("625c152f834d7c34dfa9ac89"),"name" : "《c语言》","bookprice" : 33.2,
"adddate" : 2006,"allow" : true,"baseinf" : { "ISBN" : 183838388,"press" : "清华大学
出版社" },"tags" : [ "good","book","it","Program" ] }
```

【例3】 插入多条文档。

```
> db.goodsbaseinf.insert(
[
  {
  item:"小学生教材",name:"《小学一年级语文(上册)》",price:12
  },
  {
   item:"初中生教材",name:"《初中一年级语文(上册)》",price:15
  },
  {
    item:"高中生教材",name:"《高中一年级语文(上册)》",price:20
  },
  {
    item:"外语教材",name:"《英语全解\nABC(五年级上)》",price:30
  }
]
)
```

显示结果：
```
BulkWriteResult({
    "writeErrors" : [],
    "writeConcernErrors" : [],
    "nInserted" : 4,
    "nUpserted" : 0,
    "nMatched" : 0,
    "nModified" : 0,
    "nRemoved" : 0,
    "upserted" : []
})
```

【例4】 用变量方式插入文档。

```
>document=({name:"《C语言编程》",price:32})//document 为变量名
>db.goodsbaseinf.insert(document)
```

显示：如果采用通过 txt 文件复制、粘贴形式，可以连续执行上述两条命令。这提示读者，可以利用复制、粘贴形式成批连续执行数据库命令。这里要记得 Mongo 本身是 JavaScript 脚本执行平台。

【例5】 自定义写出错误确认级别(含 insert 命令出错返回对象显示)。

```
> db.goodsbaseinf.insert(
{
_id:1,item:"大学生教材",name:"《大学一年级语文(上册)》",price:50
},
{
writeConcern: { w: "majority",wtimeout: 5000 }
} //5000ms
)

WriteResult({
   "nInserted" : 1,
   "writeConcernError" : {
      "code" : 64,
      "errmsg" : "waiting for replication timed out at shard- a"
   }
})
```

【例6】 简化的插入命令。

在 mongodb3.2 开始出现了两种新的文档插入命令：

①db.collection.insertOne()。

②db.collection.insertMany()。

语法：db. collection. insertOne(document) //一次性插入一条文档命令。

```
> db.goodsbaseinf.insertOne (
{
name:"《C语言编程(V2)》",price:32
}
)
```

文档插入结果1如图1.9.1所示。

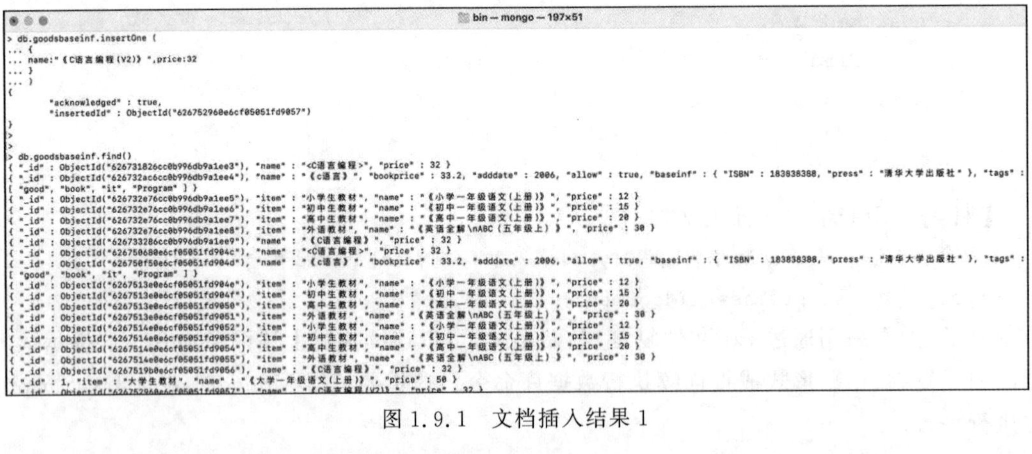

图 1.9.1　文档插入结果 1

```
>db.goodsbaseinf.insertMany(
[
    {name:"《B语言编程(V2)》",price:32},
    {name:"《A语言编程(V2)》",price:40},
    {name:"《D语言编程(V2)》",price:50}
]
)
```

文档插入结果 2 如图 1.9.2 所示。

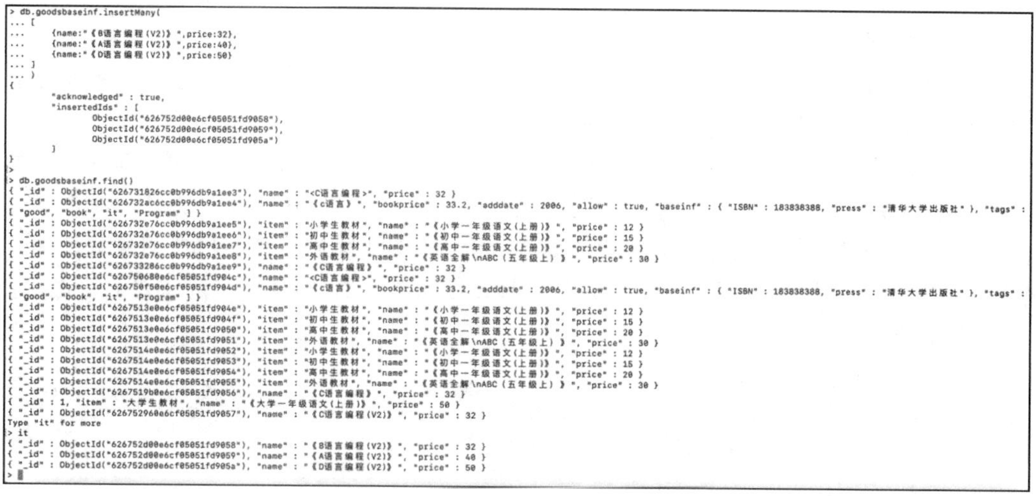

```
> db.goodsbaseinf.insertMany(
... [
...     {name:"《B语言编程(V2)》",price:32},
...     {name:"《A语言编程(V2)》",price:40},
...     {name:"《D语言编程(V2)》",price:50}
... ]
... )
{
        "acknowledged" : true,
        "insertedIds" : [
                ObjectId("626752d00e6cf05051fd9058"),
                ObjectId("626752d00e6cf05051fd9059"),
                ObjectId("626752d00e6cf05051fd905a")
        ]
}
>
> db.goodsbaseinf.find()
{ "_id" : ObjectId("626731826cc0b996db9a1ee3"), "name" : "<C语言编程>", "price" : 32 }
{ "_id" : ObjectId("626732ac6cc0b996db9a1ee4"), "name" : "《c语言》", "bookprice" : 33.2, "adddate" : 2006, "allow" : true, "baseinf" : { "ISBN" : 183838388, "press" : "清华大学出版社" }, "tags" :
[ "good", "book", "it", "Program" ] }
{ "_id" : ObjectId("626732e76cc0b996db9a1ee5"), "item" : "小学生教材", "name" : "《小学一年级语文(上册)》", "price" : 12 }
{ "_id" : ObjectId("626732e76cc0b996db9a1ee6"), "item" : "初中生教材", "name" : "《初中一年级语文(上册)》", "price" : 15 }
{ "_id" : ObjectId("626732e76cc0b996db9a1ee7"), "item" : "高中生教材", "name" : "《高中一年级语文(上册)》", "price" : 20 }
{ "_id" : ObjectId("626732e76cc0b996db9a1ee8"), "item" : "外语教材", "name" : "《英语全解\nABC(五年级上)》", "price" : 30 }
{ "_id" : ObjectId("626733286cc0b996db9a1ee9"), "name" : "《C语言编程》", "price" : 32 }
{ "_id" : ObjectId("626750680e6cf05051fd904c"), "name" : "<C语言编程>", "price" : 32 }
{ "_id" : ObjectId("626750f50e6cf05051fd904d"), "name" : "《c语言》", "bookprice" : 33.2, "adddate" : 2006, "allow" : true, "baseinf" : { "ISBN" : 183838388, "press" : "清华大学出版社" }, "tags" :
[ "good", "book", "it", "Program" ] }
{ "_id" : ObjectId("6267513e0e6cf05051fd904e"), "item" : "小学生教材", "name" : "《小学一年级语文(上册)》", "price" : 12 }
{ "_id" : ObjectId("6267513e0e6cf05051fd904f"), "item" : "初中生教材", "name" : "《初中一年级语文(上册)》", "price" : 15 }
{ "_id" : ObjectId("6267513e0e6cf05051fd9050"), "item" : "高中生教材", "name" : "《高中一年级语文(上册)》", "price" : 20 }
{ "_id" : ObjectId("6267513e0e6cf05051fd9051"), "item" : "外语教材", "name" : "《英语全解\nABC(五年级上)》", "price" : 30 }
{ "_id" : ObjectId("6267514e0e6cf05051fd9052"), "item" : "小学生教材", "name" : "《小学一年级语文(上册)》", "price" : 12 }
{ "_id" : ObjectId("6267514e0e6cf05051fd9053"), "item" : "初中生教材", "name" : "《初中一年级语文(上册)》", "price" : 15 }
{ "_id" : ObjectId("6267514e0e6cf05051fd9054"), "item" : "高中生教材", "name" : "《高中一年级语文(上册)》", "price" : 20 }
{ "_id" : ObjectId("6267514e0e6cf05051fd9055"), "item" : "外语教材", "name" : "《英语全解\nABC(五年级上)》", "price" : 30 }
{ "_id" : ObjectId("6267519b0e6cf05051fd9056"), "name" : "《C语言编程》", "price" : 32 }
{ "_id" : 1, "item" : "大学生教材", "name" : "《大学一年级语文(上册)》", "price" : 50 }
{ "_id" : ObjectId("626752960e6cf05051fd9057"), "name" : "《C语言编程(V2)》", "price" : 32 }
Type "it" for more
> it
{ "_id" : ObjectId("626752d00e6cf05051fd9058"), "name" : "《B语言编程(V2)》", "price" : 32 }
{ "_id" : ObjectId("626752d00e6cf05051fd9059"), "name" : "《A语言编程(V2)》", "price" : 40 }
{ "_id" : ObjectId("626752d00e6cf05051fd905a"), "name" : "《D语言编程(V2)》", "price" : 50 }
>
```

图 1.9.2　文档插入结果 2

实验 9.2　MongoDB 简单应用

1. 实验目的和要求

熟练掌握 BASE 操作、高级索引及索引限制、查询高级分析等操作。

2. 实验内容

1)BASE 操作

(1)单文档原子性操作。

原子性(Atomicity):一个事务是一个不可分割的工作单位,事务中包括的诸操作要么都做,要么都不做。

MongoDB 命令对单个文档做写、修改、删除操作是单原子性的。能保证所操作的文档要么成功要么都失败。

先在 MongoDB 数据库里插入一个文档:

```
>use eshops
>db.shoppingcart.insert({
    _id:100100001,
```

```
            goodsName:"《Python 语言》",
            price:40,
            amount:1,
            unit:"元",
            recordtime:ISODate("2017-09-24"),
            flag:false,
//结账标志,false 为没有结账
            checkout:[{by:"user",enddate:ISODate("2017-09-24")}]
})
```

(2)多文档隔离性操作。

隔离性(Isolation):一个事务的执行不能被其他事务干扰。即一个事务内部的操作及使用的数据对并发的其他事务是隔离的,并发执行的各个事务之间不能互相干扰。

当 update 等更新命令在指定查询条件范围字段上设置＄isolated:1 时,满足条件的文档,在执行 update 命令时具有隔离性。即在执行更新命令期间,其他用户的进程无法对正在执行的相关文档进行读写操作。直到更新结束,相关的文档才能给其他用户的进程使用。这显然会影响文档的共享性,当其他用户需要及时读取相关文档信息时,可能需要耐心地等待。

用隔离方式修改多条文档:

```
> db.shoppingcart.update(
    { unit:"元" ,$isolated : 1 },//查询条件,查找 unit="元"的文档记录
    { $set: {unit:"美元"} },//把"元"改为"美元"
    { multi: true }  //多文档修改
)
WriteResult({ "nMatched" : 3,"nUpserted" : 0,"nModified" : 3 }) //执行结果提示
```

隔离方式修改多条文档结果图如图 1.9.3 所示。

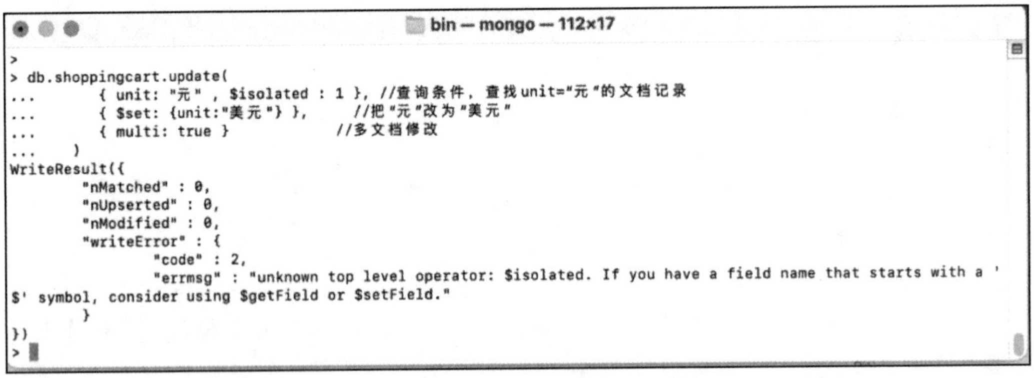

图 1.9.3　隔离方式修改多条文档结果图

2)高级索引及索引限制

高级索引可以让读者更好地处理文档中的子文档和数组索引问题,同时也介绍了地理索引功能。建立索引的唯一目的是提高查询效率,所以必须清楚地了解建立索引所带来的限制条件,否则很可能好事变坏事。

(1)建立子文档索引。

```
>use eshops
>db.books.insert(
[
{
name:"《生活百科故事 1》",price:50,summary:{kind: "学前",content: "1-7 岁用"}
},
{
name:"《生活百科故事 2》",price:50,summary:{kind: "少儿",content: "8-16 岁用"}
}
]
)
> db.books.createIndex({
"summary.kind":1,"summary.content ":-1
}
)//对一个子文档的两个键的值进行索引。1 为升序、- 1 为降序
> db.books.find({"summary.kind":"少儿"}).pretty()
```

建立子文档索引结果图如图 1.9.4 所示。

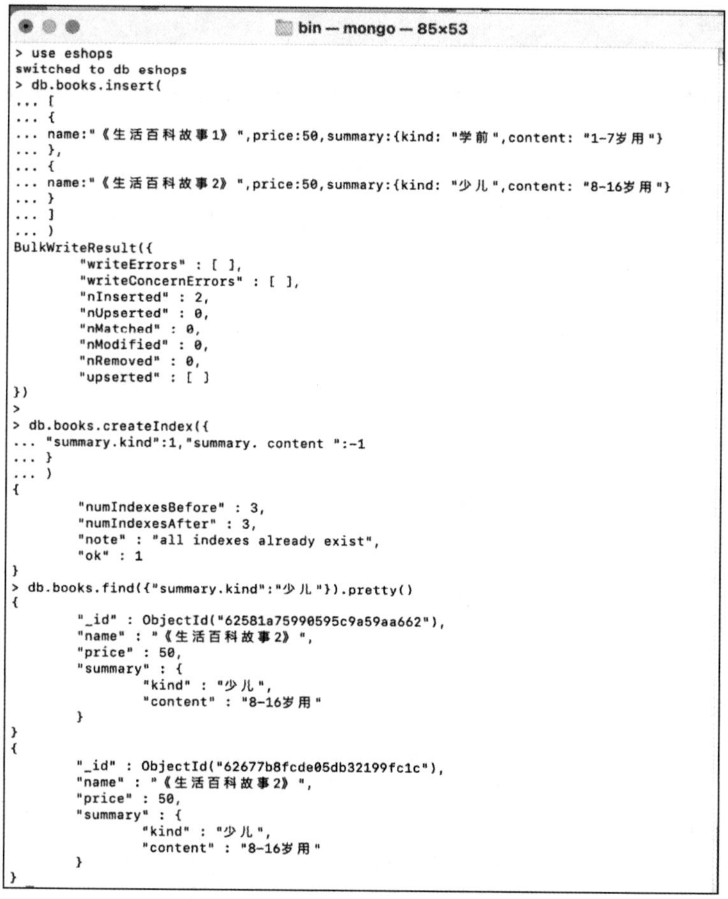

```
bin — mongo — 85x53
> use eshops
switched to db eshops
> db.books.insert(
... [
... {
... name:"《生活百科故事1》",price:50,summary:{kind: "学前",content: "1-7岁用"}
... },
... {
... name:"《生活百科故事2》",price:50,summary:{kind: "少儿",content: "8-16岁用"}
... }
... ]
... )
BulkWriteResult({
        "writeErrors" : [ ],
        "writeConcernErrors" : [ ],
        "nInserted" : 2,
        "nUpserted" : 0,
        "nMatched" : 0,
        "nModified" : 0,
        "nRemoved" : 0,
        "upserted" : [ ]
})
>
> db.books.createIndex({
... "summary.kind":1,"summary. content ":-1
... }
... )
{
        "numIndexesBefore" : 3,
        "numIndexesAfter" : 3,
        "note" : "all indexes already exist",
        "ok" : 1
}
> db.books.find({"summary.kind":"少儿"}).pretty()
{
        "_id" : ObjectId("62581a75990595c9a59aa662"),
        "name" : "《生活百科故事2》",
        "price" : 50,
        "summary" : {
                "kind" : "少儿",
                "content" : "8-16岁用"
        }
}
{
        "_id" : ObjectId("62677b8fcde05db32199fc1c"),
        "name" : "《生活百科故事2》",
        "price" : 50,
        "summary" : {
                "kind" : "少儿",
                "content" : "8-16岁用"
        }
}
```

图 1.9.4　建立子文档索引结果图

(2)建立数组索引。

```
>db.books.insert(
[
{name:"《e故事》",
price:30,
tags:[{no:1,press:"x出版社"},{no:2,press:"y出版社"},{no:3,press:"z出版社"}]
},
{name:"《f故事》",
price:30,
tags:[{no:11,press:"x出版社"},{no:4,press:"y出版社"},{no:2,press:"z出版社"}]
}
]
)//插入两个带数组的文档
> db.books.createIndex(
{
"tags.no":1,"tags.press":- 1
}
)//对一个数组的两个键的值进行索引。1为升序、- 1为降序
> db.books.find({"tags.no":2}).pretty()
```

(3)索引限制。

①索引额外开销。

建立一个索引至少需要 8KB 的数据存储空间,也就是索引是需要消耗内存和磁盘的存储空间的。

此外,对集合做插入、更新和删除时,若相关字段建立了索引,同步也会引起对索引内容的更新操作(锁独占排他性操作),这个过程是影响数据库的读写性能,有时甚至会比较严重。所以,如果业务系统所使用的集合很少对集合进行读取操作,则建议不使用索引。

②内存使用限制。

索引在具体使用时,是驻内存中进行持续运行的,所以索引大小不能超过内存的限制。索引占用空间大小,可以通过 db.collection.totalIndexSize()方法来查找了解。

③查询限制。

索引不能被以下的查询使用:

• 正则表达式及非操作符,如 $nin,$not,等。

• 算术运算符,如 $mod,等。

• $where 子句。

④索引最大范围。

集合中索引不能超过 64 个。

索引名的长度不能超过 125 个字符。

一个多值索引最多可以有 31 个字段。

如果现有的索引字段的值超过索引键的限制,MongoDB 中不会创建索引。

⑤不应该使用索引场景。

使用索引是否合适,主要看查询操作的使用场景,预先进行模拟测试非常重要。

如果查询要返回的结果超过集合文档记录的三分之一,那么是否建立索引,要慎重考虑。

对于以写为主的集合,建议慎用索引,默认情况下_id够用。

3)查询高级分析

在集合文档记录建立索引的情况下,索引性能如何是数据库操作员非常关心的问题。由此,find()提供了Explain()、Hint()等方法来进行检查和测试。

(1)Explain()分析。

Explain()通过对find()、aggregate()、count()、distinct()、group()、remove()、update()命令执行结果的分析,为程序员提供了索引等性能是否可靠的判断依据。

Explain()命令格式:

```
db.Collection.Command().explain(modes).
```

explain 的 mode 参数为"queryPlanner","executionStats","allPlansExecution"。

【例7】 Explain()命令示例

```
>use testdb
>db.log.find().explain("executionStats")
{
  "queryPlanner" : {
        "mongosPlannerVersion" : 1,
     "winningPlan" : {
        "stage" : "SINGLE_SHARD",
        "shards" : [
          {
            "shardName" : "shard0003",
            "connectionString" : "localhost:27023",
            "serverInfo" : {
                "host" : "win7-PC",
                "port" : 27023,
                "version" : "3.4.4",
                "gitVersion" : "888390515874a9debd1b6c5d36559ca86b44babd"
            },
            "plannerVersion" : 1,
            "namespace" : "eshops.log",
            "indexFilterSet" : false,
            "parsedQuery" : {},
            "winningPlan" : {
                    "stage" : "EOF"
                },
            "rejectedPlans" : [ ]
        }]}
     },
  "executionStats" : {
        "nReturned" : 0,
        "executionTimeMillis" : 1,
        "totalKeysExamined" : 0,
        "totalDocsExamined" : 0,
```

(2) Hint() 分析。

Hint() 可以为查询临时指定需要索引的字段,其主要用法有两种:

方法一,强制指定一个索引 Key,如 db.collection.find().hint("age_1");

方法二,强制对集合做正向扫描或反向扫描,如:

```
db.users.find().hint({ $natural : 1 })//强制执行正向扫描;
db.users.find().hint({ $natural : -1 }) //强制执行反向扫描。
```

【例 8】 Hint() 分析示例

```
>db.books.find({"summary.kind":"少儿"}).hint({_id:1}).explain("executionStats")
```

通过利用 hint() 临时指定索引对象,进行 explain 分析。

然后,再通过不指定临时索引对象,进行 explain 分析。

最后,把两种分析结果进行对比,就可以知道采用哪种方法,可以获得更佳的查询性能。

实验 10　Redis＋MongoDB 综合示例实验

1. 实验目的和要求

(1) 掌握 Redis 和 MongoDB 的配置方法。

(2) 自主调试代码。

2. 实验内容

1) 配置 Redis

(1) 官网下载 Redis 压缩包,如图 1.10.1 所示。

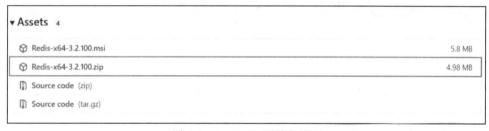

图 1.10.1　Redis 压缩包界面

(2) 将下载的压缩包解压至需要安装的目录。

(3) 配置环境变量:右键此电脑→属性‖打开设置→系统→关于,高级系统设置→环境变量选中系统变量 Path 点击"编辑",弹出的窗口点击"新建",输入 Redis 安装目录的绝对路径(可点击"浏览",选择 Redis 安装目录)。配置好之后,弹出的窗口全部点击"确定"关闭即可(图 1.10.2)。

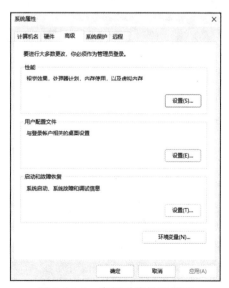

图 1.10.2　高级系统设置界面

(4)然后以管理员模式打开终端,Redisserver 命令启动 Redis 服务(图 1.10.3)。

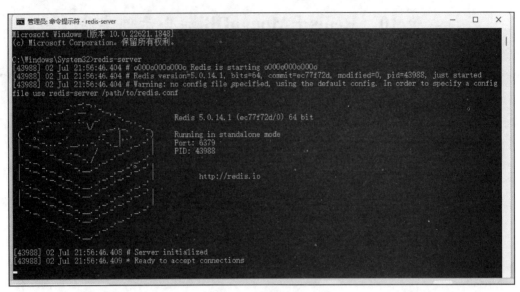

图 1.10.3 Redis 服务启动界面

2)配置 MongoDB

(1)打开官网:https://www.mongodb.com/try/download/community。

(2)下载压缩包文件(图 1.10.4)。

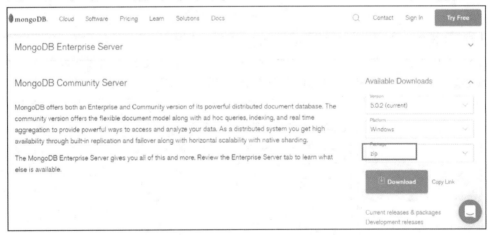

图 1.10.4 MongoDB 压缩包下载界面

(3)解压到指定路径。

(4)配置环境变量(图 1.10.5)。

(5)在 MongoDB 安装目录下创建 data 文件夹,在 data 下再创建 db 文件夹,进入 data 文件夹里再建两个文件夹——db 和 log(图 1.10.6、图 1.10.7)。

(6)以管理员模型启动终端。

进入 D:\global\mongodb-4.4.20\bin 目录(注意:先输入 D:进入 D 盘,然后输入 cd D:\global\mongodb-4.4.20\bin)(如果配置完环境变量,可以忽略)。

第 1 部分　数据库实验指导与示例

图 1.10.5　配置环境变量界面

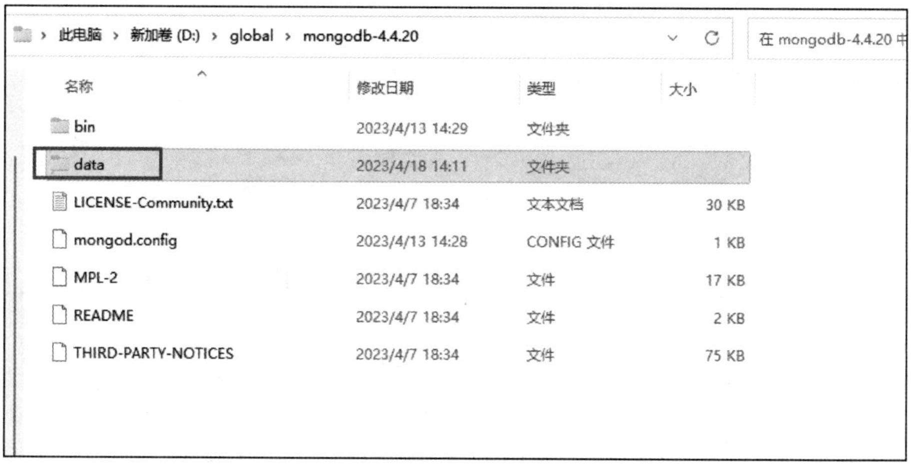

图 1.10.6　MongoDB 安装目录界面

图 1.10.7　data 文件夹界面

启动 MongoDB：

mongod --dbpath D:\global\mongodb-4.4.20\data\db

如图 1.10.8 所示，启动成功。

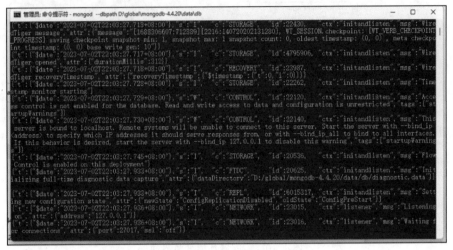

图 1.10.8　终端启动界面

3）下载 IDEA

直接官网搜索下载专业版，下载安装即可。

4）代码调试

(1) 加载每个模块的 maven，在此之前需要手动配置 maven 环境，配置过程如下。

①下载 Maven：访问 Maven 的官方网站（https://maven.apache.org/download.cgi）或者下载最新的二进制发行版（zip 或 tar.gz 格式）。

②解压 Maven：将下载的 Maven 二进制压缩文件解压到你想要安装 Maven 的目录中。这个目录将成为 Maven 的安装目录。

③配置环境变量：在操作系统中配置 Maven 的环境变量，以便系统可以识别 Maven 命令。在 Windows 系统中：右键单击"此电脑"，选择"属性"。点击"高级系统设置"。在"高级"选项卡下，点击"环境变量"。在"系统变量"部分，找到"Path"（或者新建一个），并添加 Maven 的 bin 目录路径（例如，C:\apache-maven-3.8.4\bin）。

在 Linux 或 macOS 系统中，可以编辑 ~/.bashrc 或 ~/.bash_profile 文件，将 Maven 的 bin 目录路径添加到 PATH 环境变量中。例如：export PATH=$PATH:/path/to/apache-maven-3.8.4/bin。

④验证安装：打开命令行终端并运行以下命令验证 Maven 是否正确安装：mvn -version。

⑤配置 Maven：Maven 的主配置文件是 settings.xml，它通常位于 Maven 安装目录的 conf 文件夹下。你可以编辑 settings.xml 文件，配置代理、仓库镜像、全局设置等。根据需要进行相应的配置。

⑥本地仓库：默认情况下，Maven 将下载依赖项并存储在本地仓库中。你可以配置本地仓库的路径，通常位于 Maven 安装目录下的 repository 文件夹下。如果需要更改本地仓库的路径，可以在 settings.xml 中进行配置。

⑦使用配置好的 maven 加载每个模块的 maven(图 1.10.9)。

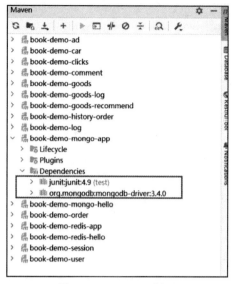

图 1.10.9 maven 界面

(2)启动如下模块下的代码(图 1.10.10)。

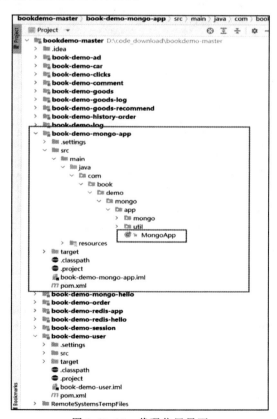

图 1.10.10 代码位置界面

(3)启动成功(图1.10.11)。

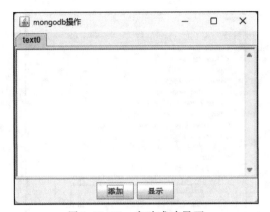

图1.10.11　启动成功界面

(4)测试。

插入信息(图1.10.12):

图1.10.12　插入信息界面

查询(图1.10.13、图1.10.14):

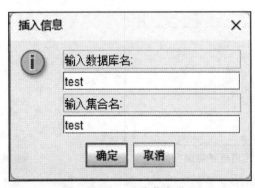

图1.10.13　查询信息界面

图1.10.14　查询结果图

(5)简单实例。

查询数据库名为 school,集合名为 student 的集合界面,如图 1.10.15 所示。

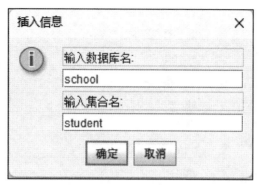

图 1.10.15　查询数据库名为 school,集合名为 student 的集合界面

数据库名为 school,集合名为 student 的集合下数据查询结果界面如图 1.10.16 所示。

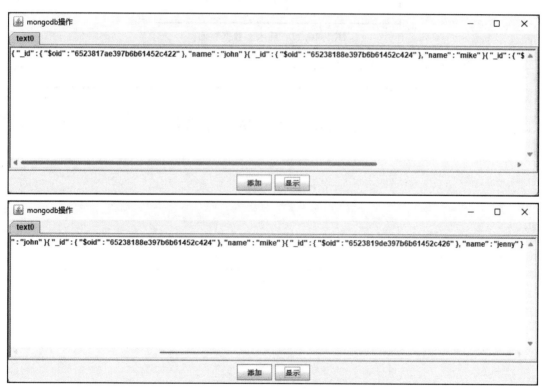

图 1.10.16　school 数据库,student 集合下数据的查询结果界面

其 k-v 对为

Name:john

Name:mike

Name:jenny

在此基础上插入数据(图1.10.17):

图1.10.17 插入新数据界面

查询新数据结果界面如下,插入成功(图1.10.18):

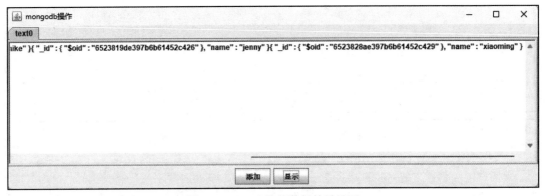

图1.10.18 查询新数据结果界面

第2部分
数据库课程设计方法与案例

本部分涉及数据库的实际应用,既有数据库的基础知识,也有相关语言的应用,是本书的重点掌握环节。本部分将数据库和编程语言结合,通过实际系统的设计,认识数据库的重要性,书中所涉及的实例代码都在随书附带光盘里。

本部分需要掌握的知识点如下(请在已掌握的内容方框前面打钩)

□ 数据项、数据结构、数据流、数据存储、创建处理过程

□ 绘制数据流图

□ 绘制总E-R图、分E-R图

□ 转化E-R数据模型、优化数据模式、设计用户子模式

□ 操作相关代码,实现用户需求

系统案例 1　病房管理系统(MySQL＋PHP)

1.1　需求分析

1.1.1　需求说明

住院部涉及医护人员、住院患者、病房、科等信息。基本情况如下:科包括科名(内科、外科)、值班电话等。另外,每个科有一个主任和一个护士长。医护人员包括一般人员信息(姓名、技术职称等),每人只属于一个科。病房包括病房号(321:三楼 21 号房)、病床数、所属科等,每个病房里的病床按顺序编号。住院患者自住院之日起就建立病历,包括科、房间和病床号,以及其他疾病和治疗信息。每个患者指定一位主治大夫。住院部管理经常要做的查询有:科查询(主任、护士长是谁,是否有空病床等)。医护员有关信息查询(所属科、职称、主治哪几个患者等)。住院患者查询(住在哪个科、几病房几床、主治大夫是谁等)。

1.1.2　需求理解

基于以上的需求说明,需要设计一个医院住院部病房管理系统,该系统的主要功能为查询和编辑功能。

查询功能包括医护人员信息查询、住院部相关科室信息查询以及住院患者病历信息查询;编辑功能包括医院住院部的信息编辑和住院患者的信息编辑。

1) 医院具体情况

此住院部病房管理系统是为一个小型医院(武汉市洪山区中国地质大学南望山校区校医院,简称校医院)设计的病房管理系统,校医院等级是一级乙等医院。根据院方提供的信息及实地调研考察得出以下信息。

(1) 校医院的占地面积比较小,住院部的楼层高度不超过 10 层,每个楼层内的病房数不超过 20 间,每个房间的病床数不超过 10 张,因此病房号的编号为三位数字,第一位为楼层数,后两位为病房序号(例如:202 代表二楼的 02 号病房)。

(2) 自建院以来,校医院的人流量峰值不超过 400 人/天。由于医院规模相对较小,所以每个医生既负责医院门诊部诊断,又负责医院住院部相应主治患者的医疗监护和治疗。

(3) 自建院以来,校医院工作人员的姓名均不超过 5 个汉字,所以将医院工作人员姓名字段的长度设置为 10 个字符;住院患者姓名字段长一点,设置 20 个字符。

(4) 性别只有两项可选(男/女),所以性别属性设置为 2 个字符长度的汉字。

(5) 考虑到医院水平的定位,基本不会有跨省看病的情况,又由于目前手机使用比较普遍,故所有患者的联系电话属性都设置为 11 个字符长度的数字。

(6) 与日期有关的属性数据(例如:出生年月××××年××月××日)精确到日,采用 8 个字符长度;关于住院时间以及出院时间等相关信息也精确到日(××××年××月××日),采用 8 个字符长度。

(7)任何一位患者的主治医生只有一个,根据校医院的医护人员的姓名信息可知10个字符长度就可以满足要求;对于主治患者来说,一般一个大夫有一个或多个主治患者,但也不会太多,在此限定为30个字符长度。

(8)治疗备注主要记录住院患者在住院治疗期间的各项生理指标及相关治疗信息,信息量一般比较大,所以设定为200个字符长度。

(9)病床使用情况是用来记录病床使用情况的,即病床是否使用,故用一个字符长度即可(0表示病床有患者使用,1表示病床没有患者使用)。

(10)患者办理住院手续时,都会得到一个唯一标识此患者身份的住院号,由当天日期和序号组成(20150505001代表2015年05月05日的第001个住院患者)。

(11)患者的家庭住址一般要求地址尽量详细,所以设置为50个字符长度。

(12)技术职称用来区分工作人员类型,主要包括科主任、医生、护士和护士长4种,所以设置为20个字符长度。

2)校医院住院部住院的一般流程

(1)患者在护士的带领下在住院部的服务台办理住院手续,服务台负责查询并指导护士将患者带到有床位的病房中就住(患者需要有门诊部主治医生开具的住院单才能办理住院手续)。

(2)护士带领患者到达相应病房安排床位及后续工作,之后患者亲属到服务台登记处登记入住患者的基本信息(姓名、性别、出生日期、家庭住址、联系电话、所属科室、病房号、病床号、主治医生等信息),系统将患者入住的床位号作标记,说明已使用,完成住院患者基本信息的数字化入库。

(3)患者在住院期间的治疗信息及身体参数等相关信息需要主治医生每天定时登录系统登记,做到患者信息的实时更新。

(4)患者康复出院时需要提交主治医生的出院单,工作人员确认出院单后登录系统并填写相关信息,系统将办理出院手续,将患者的床位置空,患者出院成功。

3)校医院住院部病房管理系统的系统边界

校医院病房管理系统是关于病房有效管理的系统,与收费系统、挂号系统及用药系统均不相关,在患者住院期间可以编辑患者的基本信息,可以由管理员编辑医院的相关信息(医院的人事变动、床位或病房的变动、科室的调整或新医生的入职等),在服务台可以查询科室的相关信息(科主任的姓名、科护士长的姓名、相应科室的值班电话),查询医护人员的相关基本信息(姓名、性别、联系电话等一般信息),以及查询住院患者病历的相关信息(患者的住院号、姓名、性别、家庭住址、联系电话、所属科室、病床号、主治医师及治疗备注等信息)。

住院部病房管理系统需求文件是根据使用方的使用需求以及实际调研协商所确定的官方文件,具有法律效力,我们将严格按照此需求文件设计并实现病房数据库管理系统。

1.1.3 系统结构图

系统结构图如图2.1.1所示。

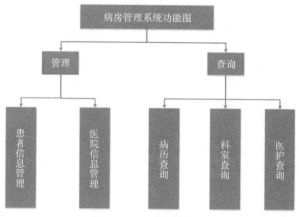

图 2.1.1 系统结构图

1.1.4 数据字典

数据字典通常包含数据项、数据结构、数据流、数据存储和处理过程 5 个部分,数据项是数据的最小组成单位,若干个数据项可以组成一个数据结构,数据字典可以通过对数据项和数据结构的定义来描述数据流、数据存储的逻辑内容。

1) 数据项

数据项是不可再分的数据单位,根据数据项描述的一般规范(数据项描述={数据项名、数据项含义说明、别名、数据类型、长度、取值范围、取值含义、与其他数据项的逻辑关系、数据项之间的联系})得出以下数据项表格,总共有 23 个数据项生成,如表 2.1.1 所示。

表 2.1.1 数据项

编号	数据项名称	数据项含义说明	别名	数据类型	长度	取值范围
1	账号	管理员登陆系统的账号	Uname	char	11	医院指定的管理员账号
2	密码	登录系统的密码	Password	char	6	由管理员及医院相关规定设定
3	科室名称	区分住院部不同科室的名称信息	Aname	char	20	住院部存在的科室名称
4	值班电话	住院部不同科室的联系方式	Atele	char	11	由 0~9 的数字组成
5	工号	医院为医护人员编制的唯一编号	Dno	char	11	由 0~9 的数字组成
6	姓名(医护人员)	医护人员的姓名	Dname	char	10	

续表 2.1.1

编号	数据项名称	数据项含义说明	别名	数据类型	长度	取值范围
7	性别（医护人员）	医护人员的性别	Dsex	char	2	男、女
8	所属科室（医护人员）	医护人员所属科室的名称信息	lz_Aname	char	20	医院已开设的科室名称
9	职称	医护人员的专业技术水平及工作经验层次	Dzc	char	20	在设定的职称选项里面选择
10	工作状态	医护人员是否在院工作	Dstate	int	1	0 或 1,0 代表退休或离职,1 为在职
11	病床号	区分病床的编号	Cno	char	5	由 0~9 的数字组成
12	使用情况（病床）	区分病床是否被使用	Cuse	int	1	由 0 或 1 组成,0 为空床,1 为有人
13	所属科室	所选病房在行政上的归属,即管理科室	bc_Aname	char	20	医院已开设的科室名称
14	住院号	对住院患者进行编号,唯一识别患者	Pno	char	11	由日期和编号组成
15	姓名（患者）	住院患者的姓名信息	Pname	char	20	
16	性别（患者）	住院患者的性别信息	Psex	char	2	男、女
17	出生年月（患者）	住院患者的出生年月信息	Pbirth	date	14	yyyy-mm-dd 格式
18	家庭住址（患者）	住院患者的居住地址信息	Padd	char	50	真实存在的地名
19	联系电话（患者）	住院患者的联系电话信息	Ptele	char	11	由 0~9 的数字组成
20	主治医生	住院患者住院期间的责任大夫	Dname	char	10	主治医生的姓名
21	住院日期	住院患者入住住院部时间	Idate	date	8	yyyy-mm-dd 格式
22	治疗备注	住院过程中的治疗及分时段身体参数记录	Pmark	char	200	患者住院期间所接受的治疗记录
23	出院日期	住院患者的出院时间	Odate	datetime	8	yyyy-mm-dd 格式

2)数据结构

数据结构反映了数据之间的组合关系,一个数据结构可以由若干个数据项组成,也可以由若干个数据结构组成,或由若干个数据项和数据结构混合组成。根据数据结构描述的一般规范(数据结构描述={数据结构名、含义说明、组成数据项:{数据项或数据结构}}),生成了6个数据结构:科室信息、医护人员、患者信息、病房信息、病床信息、登录信息,如表2.1.2所示。

表2.1.2 数据结构

编号	数据结构名	含义说明	组成数据项
1	科室信息	按照不同的治疗专业,医院人为划分的科室信息	科室名称、科室主任、护士长、值班电话
2	医护人员	医生及护士等工作人员	工号、姓名、性别、职称、所属科室、工作状态
3	患者信息	住院患者的各种身份及治疗信息	住院号、姓名、性别、出生日期、家庭住址、联系电话、病床号、主治医生、住院日期、治疗备注、出院日期
4	病房信息	各科室病房属性及使用情况信息	病房号、所属科室
5	病床信息	各科室病房中病床的使用情况及属性信息	使用情况、所属科室、病床号
6	登录信息	医院管理员登录系统的账号及密码	账号、密码

3)数据流

数据流是数据结构在系统内传输的路径,根据数据流描述的一般规范(数据流描述={数据流名、说明、数据流量来源、数据流去向、组成:{数据结构}、平均流量、高峰期流量})生成数据流;"数据流来源"是说明该数据流来自哪个过程;"数据流去向"是说明该数据流将到哪个过程去;"平均流量"是指在单位时间里的传输次数;"高峰期流量"则是指在高峰期的数据流量,如表2.1.3所示。

表2.1.3 数据流

编号	数据流名	说明	数据流来源	数据流去向	组成
1	住院凭证	门诊部医生开具的建议患者住院治疗的证明	门诊部医生	住院部服务台	住院凭证
2	住院编号	住院部给患者的编号,是患者的唯一标识信息	住院部服务台	住院部服务台	11位的数字,由0~9组成
3	患者基本信息	患者的姓名、性别等标识信息	患者	新建病历	患者的住院编号及基本信息
4	已获取患者基本信息	已获取的患者所有属性信息	信息录入处	科室分配处	已获取的所有患者的属性信息

续表 2.1.3

编号	数据流名	说明	数据流来源	数据流去向	组成
5	科室信息请求	相关的科室请求信息	科室分配处	科室信息中心	科室信息调取指令
6	已获取科室信息	符合查询条件的科室信息	科室信息中心	科室分配处	已查询的科室信息
7	医护信息请求	相关的医护请求信息	医护分配处	医护信息中心	医护信息调取指令
8	已获取医护信息	符合查询条件的医护信息	医护信息中心	医护分配处	已查询的医护信息
9	病房信息请求	相关的病房信息请求	病房分配处	病房信息中心	病房信息调取指令
10	已获取病房信息	符合查询条件的病房信息	病房信息中心	病房分配处	已查询的病房信息
11	已确定分配信息	经过系统匹配得到的信息	分诊分配中心	结果显示	分配的科室、病房、医生信息
12	分诊信息	经过系统匹配得到的信息	分诊分配中心	总数据中心	分配的科室、病房、医生信息
13	已建立病历	所有患者相关信息	分诊中心	住院治疗	基本信息和分诊分配信息
14	日常体征信息	患者日常的各项生命体征	测量仪器	护士记录表	体温、血压等测量信息
15	患者体征信息1	患者日常的各项生命体征	护士记录表	病历信息中心	体温、血压等测量信息
16	患者体征信息2	患者日常的各项生命体征	护士记录表	医生分析	体温、血压等测量信息
17	诊断分析	医生对于护士提交的体征信息的反馈指示	医生分析	护士记录	药量、日常护理内容变化等
18	康复评估信息	医生对于患者的康复情况进行评估	医生分析	出院评估	对患者现状做出的相关评估
19	出院凭证	患者已康复,可以出院的凭证	出院评估	出院注销	患者出院凭证
20	科室信息置空	此人已不在本科室住院治疗	办理手续	科室信息中心	住院患者数的修改
21	医护信息置空	医生的主治患者出院,医生可以接收新患者	办理手续	医护信息中心	主治患者置空
22	病房信息置空	病房空出,可以接收新患者	办理手续	病房信息中心	病房信息置空

续表 2.1.3

编号	数据流名	说明	数据流来源	数据流去向	组成
23	出院信息	补充病历中的出院信息，并保存入库	办理手续	病历信息中心	出院时间补充
24	操作指令	管理员要进行的操作命令	管理员	指令判读	查询和导入
25	导入请求	管理员要进行的信息导入操作	指令判读	信息导入	信息导入请求
26	查询请求	管理员要进行的信息查询操作	指令判读	查询服务	所有信息中心信息
27	导入的数据	管理员更新或导入数据	信息导入	总信息中心	医院基本信息
28	已查询的结果	查询的符合条件的结果信息	总信息中心	查询结果显示	管理员需求结果

4）数据存储

数据存储是数据结构停留或保存的地方，也是数据流的来源和去向之一。它可以是手工文档或手工凭单，也可以是计算机文档，如表 2.1.4 所示。

表 2.1.4 数据存储

编号	数据存储名	说明	输入数据流	输出数据流	组成
1	科室信息	存储的科室实体相关信息	医院住院部原始科室数据	科室信息匹配与查询	科室信息各数据项
2	医护信息	存储医护实体的相关信息	医院住院部原始医护数据	医护信息匹配与查询	医护信息各属性
3	病房信息	存储病房实体的相关信息	医院住院部原始病房数据	病房信息匹配与查询	病床信息各属性
4	病历信息	存储患者实体的相关信息	患者的基本信息登记	病历信息查询与完善	病历信息各属性
5	登录信息	存储登录系统的账号和密码	管理员的账号和密码	管理员能否正确登录	账号和密码

5）处理过程

处理过程如表 2.1.5 所示。

表 2.1.5 处理过程

编号	处理过程名	说明	输入	输出	处理
1	编号生成	为新患者生成唯一的住院编号	住院凭证	住院编号	根据既定规则生成唯一的住院编号

续表 2.1.5

编号	处理过程名	说明	输入	输出	处理
2	信息录入	手动录入患者信息	患者基本信息	患者基本信息	将患者的基本信息数字化
3	科室分配	患者住院分诊的一个环节	患者基本信息	已分配科室信息	为患者分配对应的科室
4	医生分配	患者住院分诊的一个环节	已分配科室信息	已分配医生信息	为患者分配对应的主治医生
5	病房分配	患者住院分诊的一个环节	已分配科室信息	已分配病房信息	为患者分配对应的病房
6	病床分配	患者住院分诊的一个环节	已分配病房信息	已分配病床信息	在已分配的病房中分配合适的病床
7	结果显示	将结果显示给管理员	已确定分配信息	已建立病历	将所有的分配结果显示出来
8	护士记录	护士记录一些指标信息	日常体征信息（仪器显示）	日常体征信息（纸质）	将医学仪器的数据记录下来
9	数字化	将表单数据录入计算机	日常体征信息（纸质）	日常体征信息（电子）	将信息数字化，便于管理
10	医生分析	用专业知识判断患者情况	日常体征信息	诊断分析信息	对患者的情况进行评估分析
11	出院评估	用专业知识判断康复情况	康复评估信息	出院凭证	判断患者康复后才能出院
12	信息核对	检查信息是否真实有效	出院凭证	已核对信息	检查出院凭证信息的真实性
13	办理手续	出院之前的必要流程	已核对信息	回执资料	置空科室相关信息,完善病历资料
14	患者出院	康复并离开医院	回执资料		患者离开医院
15	指令判读	判断指令的内容	操作指令	导入和查询	判断管理员的指令是哪一项要求
16	查询服务	信息查询的功能	查询请求	已查询符合条件的结果	向信息中心查询数据
17	信息导入	进行信息导入的功能	导入请求	要导入的数据	向信息中心输入医院原始数据

1.1.5 数据流图

1) 一级数据流图

住院部病房管理系统总数据流图如图 2.1.2 所示。

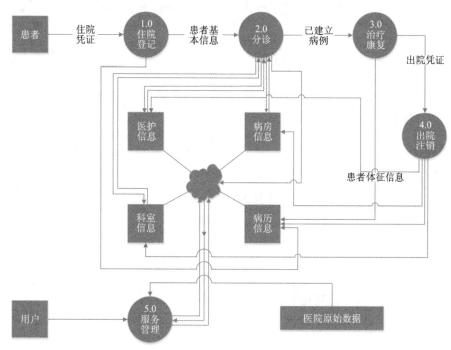

图 2.1.2　一级数据流图

2) 二级数据流图

(1) 病房管理系统患者住院登记环节分数据流图如图 2.1.3 所示。

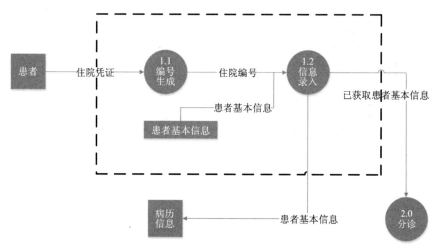

图 2.1.3　二级数据流图(患者住院登记环节)

(2) 病房管理系统分诊环节分数据流图如图 2.1.4 所示。

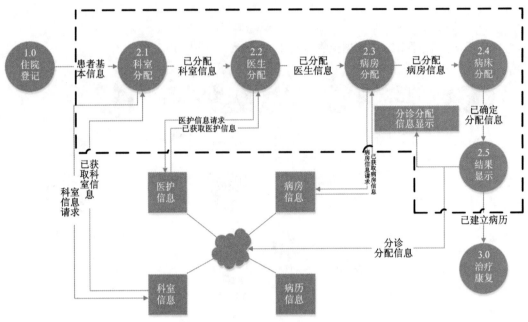

图 2.1.4　二级数据流图（分诊环节）

(3) 病房管理系统治疗康复环节分数据流图如图 2.1.5 所示。

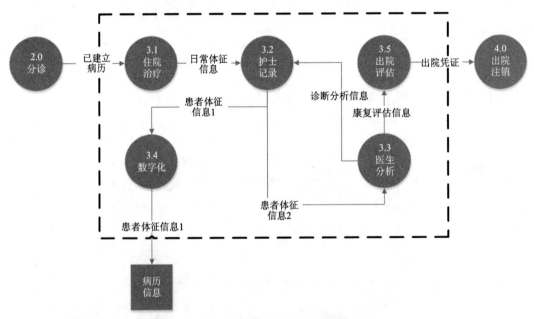

图 2.1.5　二级数据流图（治疗康复环节）

(4)病房管理系统出院注销环节分数据流图如图2.1.6所示。

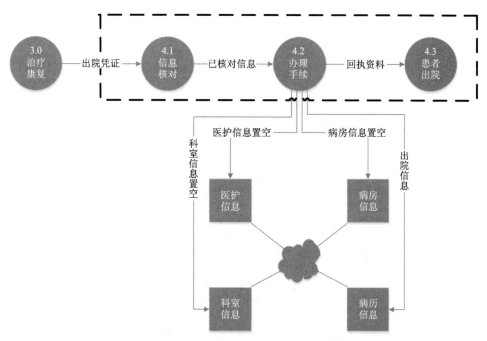

图2.1.6　二级数据流图(出院注销环节)

(5)病房管理系统服务管理环节分数据流图如图2.1.7所示。

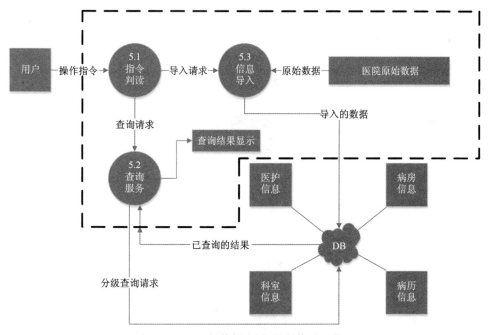

图2.1.7　二级数据流图(服务管理环节)

1.2 概念设计

1.2.1 分 E-R 图

(1) 科室实体分 E-R 图如图 2.1.8 所示。

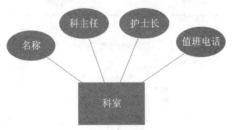

图 2.1.8 科室实体分 E-R 图

(2) 医生实体分 E-R 图如图 2.1.9 所示。

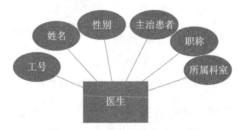

图 2.1.9 医生实体分 E-R 图

(3) 病房实体分 E-R 图如图 2.1.10 所示。

图 2.1.10 病房实体分 E-R 图

(4) 病床实体分 E-R 图如图 2.1.11 所示。

图 2.1.11 病床实体分 E-R 图

(5)患者实体分 E-R 图如图 2.1.12 所示。

图 2.1.12　患者实体分 E-R 图

1.2.2　局部 E-R 图

(1)科室-医生实体局部 E-R 图如图 2.1.13 所示。

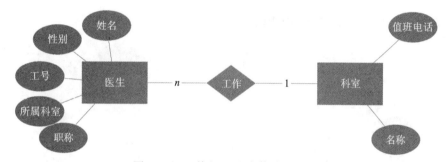

图 2.1.13　科室-医生实体分 E-R 图

(2)科室-病房实体局部 E-R 图如图 2.1.14 所示。

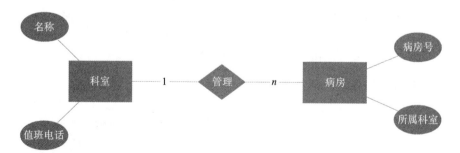

图 2.1.14　科室-病房实体分 E-R 图

(3)科室-患者实体局部 E-R 图如图 2.1.15 所示。

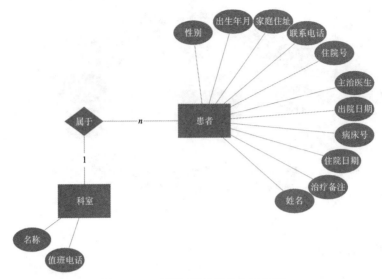

图 2.1.15　科室-患者实体分 E-R 图

(4)医生-患者实体局部 E-R 图如图 2.1.16 所示。

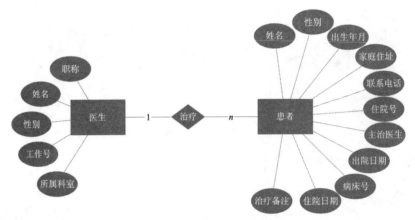

图 2.1.16　医生-患者实体分 E-R 图

(5)病床-患者实体局部 E-R 图如图 2.1.17 所示。

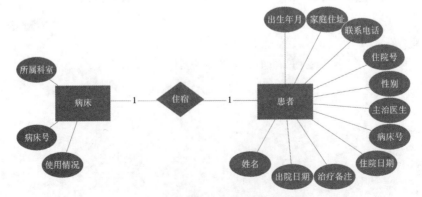

图 2.1.17　病床-患者实体分 E-R 图

(6)病房-病床实体局部 E-R 图如图 2.1.18 所示。

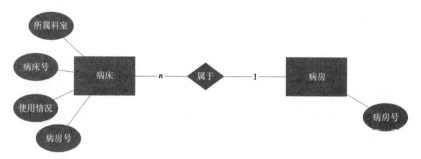

图 2.1.18　病房-病床实体分 E-R 图

1.2.3　总 E-R 图

(1)优化前的总 E-R 图如图 2.1.19 所示。

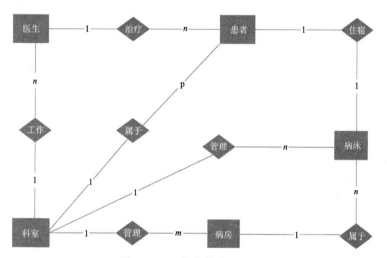

图 2.1.19　优化前总 E-R 图

(2)优化后的总 E-R 图如图 2.1.20 所示。

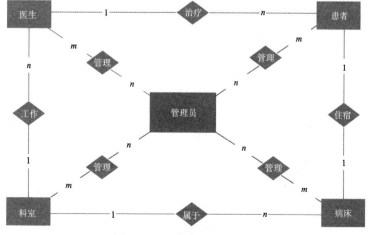

图 2.1.20　优化后总 E-R 图

1.3 逻辑结构设计

1.3.1 E-R图向关系模型的转换

1)实体间的联系分析

关系模型的逻辑结构是一组关系模式的集合。E-R图则是由实体型、实体的属性和实体型之间的关系3个要素组成的。所以将E-R图转换为关系模型实际上就是要将实体型、实体的属性和实体型之间的关系转换为关系模式。

从概念设计得出的各级E-R图及两个实体之间的关系,病房管理系统的4个关系(科室与医生之间的关系、科室与病床之间的关系、医生与患者之间的关系、病床与患者之间的关系)均为1∶n关系。1∶n关系的管理系统可以转换为一个独立的关系模式,也可以与n端对应的关系模式合并。如果转换为一个独立的关系模式,则与该关系相连的各实体的码以及关系本身的属性均转换为关系的属性。

2)关系模式

从上述的总E-R图中可以转换出以下5个关系模式,即科室、医生、病床、患者、管理员。其中关系的码用下横线标出。

(1)科室(<u>科室名称</u>,值班电话)。

此为科室实体对应的关系模式。科室名称为该关系模式的主码,值班电话为该关系模式的候选码。

(2)医生(<u>工号</u>,姓名,性别,职称,所属科室,工作状态)。

此为医生实体对应的关系模式。该关系模式已包含了"工作"所对应的关系模式。工号为该关系模式的主码,所属科室为该关系模式的外码,科室关系为被参照关系,医生关系为参照关系。

(3)病床(<u>病床号</u>,所属科室,使用情况)。

此为病床实体对应的关系模式。该关系模式已包含了"管理"所对应的关系模式。病床号为该关系模式的主码,所属科室为该关系模式的外码,科室关系为被参照关系,病床关系为参照关系。病房号为该关系模式的外码,病房关系为被参照关系,病床关系为参照关系。

(4)病人(<u>住院号</u>,姓名,性别,出生年月,家庭住址,联系电话,医生工号,病床号,入院日期,治疗备注,出院日期)。

此为患者实体对应的关系模式。该关系模式已包含了"属于""治疗"和"住宿"所对应的关系模式。住院号为该关系模式的主码,医生工号、病床号均为该关系模式的外码,科室关系、医生关系、病房关系及病床关系分别为被参照关系,病人关系为参照关系。

(5)管理员(<u>账号</u>,密码)。

此为管理员实体对应的关系模式。该关系模式已包含了"管理"所对应的关系模式。账号为该关系模式的主码。

1.3.2 数据模型的优化

数据库逻辑设计的结果不是唯一的,为了进一步提高数据库应用系统的性能,还应该根据应用需求适当地调整、修改数据模型结构,这就是数据模型的优化。以下为关系数据模型的优化。

1）确定数据依赖

按需求分析阶段所得到的语义,分别写出每个关系模式内部各属性之间的数据依赖以及不同关系模式属性之间的数据依赖。

(1)科室(科室名称,值班电话)。

代码表示:Ato(Aname,Atele)。

科室关系中存在的函数依赖为 Aname→Atele,Atele→Aname。

(2)医生(工号,姓名,性别,职称,所属科室,工作状态)。

代码表示:Doctor(Dno,Dname,Dsex,Dzc,lz_Aname,Dstate)。

医生关系中存在的函数依赖为 Dno→Dname,Dno→Dsex,Dno→Dzc,Dno→lz_Aname,Dno→Dstate。

(3)病床(病床号,所属科室,使用情况)。

代码表示:Bed(Cno,Cuse,bc_Aname)。

病床关系中存在的函数依赖为 Cno→Cuse,Cno→bc_Aname。

(4)患者(住院号,姓名,性别,出生年月,家庭住址,联系电话,医生工号,病床号,入院日期,治疗备注,出院日期)。

代码表示:Patient(Pno,Pname,Psex,Pbirth,Padd,Ptele,Dno,Cno,Idate,Pmark,Odate)。

患者关系中存在的函数依赖为 Pno→Pname,Pno→Psex,Pno→Pbirth,Pno→Padd,Pno→Ptele,Pno→Dno,Pno→Cno,Pno→Idate,Pno→Pmark,Pno→Odate。

(5)管理员(账号,密码)。

代码表示:Up(Uname,Password)。

管理员关系中存在的函数依赖为 Uname→Password。

2）关系模式规范化

按照数据依赖的理论对关系模式逐一进行分析,考察是否存在部分函数依赖、传递函数依赖、多值依赖等,确定各关系模式分别属于第几范式。

(1)科室(科室名称,值班电话)。

代码表示:Ato(Aname,Atele)。

科室关系中存在的函数依赖为 Aname→Atele,Atele→Aname。

科室名称为主码,科室名称和值班电话都是候选码,可以相互决定,符合第二范式（每一个非主属性完全函数依赖于码）。科室关系模式中不存在非主属性传递函数依赖于码"科室名称",符合第三范式。科室关系模式中的每一个决定因素都包含码"科室名称",符合 BCNF（修正的第三范式）。

(2)医生(工号,姓名,性别,职称,所属科室,工作状态)。

代码表示:Doctor(Dno,Dname,Dsex,Dzc,lz_Aname,Dstate)

医生关系中存在的函数依赖为 Dno→Dname,Dno→Dsex,Dno→Dzc,Dno→lz_Aname,Dno→Dstate。

医生的工号为主码,医生的姓名、性别、职称、所属科室以及工作状态均完全函数依赖于主码工作号,符合第二范式。医生关系模式中不存在非主属性传递函数依赖于码"工号",符合第三范式。医生关系模式中的每一个决定因素都包含码"工号",符合 BCNF(修正的第三范式)。

(3)病床(<u>病床号</u>,所属科室,使用情况)。

代码表示:Cno(<u>Cno</u>,bc_Aname,Cuse)。

病床关系中存在的函数依赖为 Cno→bc_Aname,Cno→Cuse。

病床的病床号为主码,病床的所属科室以及使用情况均完全函数依赖于主码"病床号",符合第二范式。病床关系模式中不存在非主属性传递函数依赖于码"病床号",符合第三范式。医生关系模式中的每一个决定因素都包含码"病床号",符合 BCNF(修正的第三范式)。

(4)患者(<u>住院号</u>,姓名,性别,出生年月,家庭住址,联系电话,医生工号,病床号,入院日期,治疗备注,出院日期)。

代码表示:Patient(<u>Pno</u>,Pname,Psex,Pbirth,Padd,Ptele,Dno,Cno,Idate,Pmark,Odate)。

患者关系中存在的函数依赖为 Pno→Pname,Pno→Psex,Pno→Pbirth,Pno→Padd,Pno→Ptele,Pno→Dno,Pno→Cno,Pno→Idate,Pno→Pmark,Pno→Odate。

患者的"住院号"为主码,患者的姓名、性别、出生年月、家庭住址、联系电话、所属科室、主治医生、病房号、病床号、入院日期、治疗备注以及出院日期均完全函数依赖于主码"住院号",符合第二范式。患者关系模式中不存在非主属性传递函数依赖于码"住院号",符合第三范式。管理员关系模式中的每一个决定因素都包含码"住院号",符合 BCNF(修正的第三范式)。

(5)管理员(<u>账号</u>,密码)。

代码表示:Up(<u>Uname</u>,Password)。

管理员关系中存在的函数依赖为 Uname→Password。

管理员的账号为主码,管理员的密码完全函数依赖于主码账号,符合第二范式。管理员关系模式中不存在非主属性传递函数依赖于码"账号",符合第三范式。管理员关系模式中的每一个决定因素都包含码"账号",符合 BCNF(修正的第三范式)。

3)关系模式的分析

按照需求分析阶段得到的处理要求,对于这样的应用环境,这些模式应该都要达到第三范式。5 个关系模式中,科室关系、医生关系、病房关系均达到第三范式,而患者关系和病床关系只达到第二范式。

其中患者关系的解决的方案是将患者关系进行模式分解,分解为患者关系(不包含所属科室属性也不包含病房号属性)、科室-医生关系、科室-病房关系和病房-病床关系 4 个关系;科室-医生关系、科室-病房关系和病房-病床关系与原有的医生关系、病房关系和病床关系相重合,内容一致;而在病床关系中病床号(五位数的病床号的前三位是病床所在病房的编号,后两位是序号)由病房号和序号组合而成,因此,解决方案是将病床关系和病房关系根据需要进行合成,即新的病床关系包含病床号、所属科室及使用情况 3 个属性,来代替原来的病床关系和病房关系,这样病床关系(病床关系中存在的函数依赖为 Cno→Aname,Cno→Csum)也符合第三范式。

因此,最终生成了 4 个符合第三范式的基本关系,科室关系、医护关系、病床关系以及患者关系。

(1)科室(科室名称,值班电话)。

代码表示:Ato(Aname,Atele)。

(2)医生(工号,姓名,性别,职称,所属科室,工作状态)。

代码表示:Doctor(Dno,Dname,Dsex,Dzc,Aname,Dstate)。

(3)病床(病床号,所属科室,使用情况)。

代码表示:Cno(Cno,Aname,Cuse)。

(4)患者(住院号,姓名,性别,出生年月,家庭住址,联系电话,医生工号,病床号,入院日期,治疗备注,出院日期)。

代码表示:Patient(Pno,Pname,Psex,Pbirth,Padd,Ptele,Dno,Cno,Idate,Pmark,Odate)。

(5)管理员(账号,密码)。

代码表示:Up(Uname,Password)。

1.3.3 设计用户子模式

定义数据库全局模式主要是从系统的时间效率、空间效率、易维护等角度出发,在定义用户外模式时,可以着重考虑用户的习惯和需求。

(1)使用更符合用户习惯的别名。

(2)可以对不同级别的用户定义不同的View,以保证系统的安全性。

(3)简化用户对系统的使用。

根据需求分析中的要求能够进行科室查询(主任、护士长是谁、是否有空病床等)、医护人员查询(所属科、职称、主治哪几个患者等)、住院患者查询(住在哪个科、几病房几床、主治大夫是谁等),以及患者病历信息查询(患者实体的所有属性)等。因此,在进行视图设计时设计了4个功能的视图,即科室查询视图、医护人员查询视图、住院患者查询视图与病历查询视图(在本质上,住院患者查询视图与病历查询视图是一致的,因此将后两个视图合并成一个来显示,即病历视图),以下为3个视图的属性信息及SQL语句。

1)科室信息查询视图

科室信息(科室名称,值班电话,医生工号,医生姓名,医生职称)。

SQL语句:

```
create
view `kesearch` AS
select
Doctor.lz_Aname,
Doctor.Dstate,
Doctor.Dzc,
Doctor.Dname,
Ato.Atele,
Doctor.Dno
from
Ato
inner join Doctor ON Doctor.lz_Aname=Ato.Aname ;
```

2)医护信息查询视图

医护信息(工号,姓名,性别,职称,所属科室,主治患者住院号,主治患者姓名)。

SQL 语句：

```
create
view `doctorsearch` AS
select
Doctor.Dno,
Doctor.Dname,
Doctor.Dsex,
Doctor.Dzc,
Doctor.Lz_Aname,
Doctor.Dstate,
Patient.Pname
from
doctor
inner join Patient ON Patient.Dno=Doctor.Dno ;
```

3)患者信息查询视图

患者信息(住院号,姓名,性别,出生日期,家庭住址,联系电话,主治医生,病床号,入院日期,治疗备注,出院日期,所属科室)。

SQL 语句：

```
create
view `patientsearch` AS
select
Patient.Pno,
Patient.Pname,
Patient.Psex,
Patient.Pbirth,
Patient.Padd,
Patient.Ptele,
Patient.Dno,
Patient.Cno,
Patient.Idate,
Patient.Pmark,
Patient.Odate,
Doctor.Dname,
Doctor.lz_Aname
from
Patient
inner join Doctor ON Patient.Dno=Doctor.Dno ;
```

1.4 物理设计

1.4.1 物理存取结构(数据库/数据库表)设计、基本表及 SQL 语句

(1)科室表(Ato)如表 2.1.6 所示。

表 2.1.6 科室表

属性名	属性名	类型	长度	取值范围	唯一性	说明
Aname	科室名称	char	20	医院已开设科室的名称	唯一	主码
Atele	值班电话	char	11	医院所拥有的电话号码	唯一	候选码

SQL 语句：
```
create table `Ato`
(
`Aname`  char(20) NOT NULL ,
`Atele`  char(11) NOT NULL ,
primary key (`Aname`)
);
```

(2)医护表(Doctor)如表 2.1.7 所示。

表 2.1.7 医护表

属性名	属性名	类型	长度	取值范围	唯一性	说明
Dno	工号	char	11	11 位数字	唯一	主码
Dname	姓名	char	10		不唯一	
Dsex	性别	char	2	男、女	不唯一	
Dzc	职称	char	20	所有职称名称	不唯一	
lz_Aname	所属科室	char	20	医院已有科室	不唯一	外码(科室)
Dstate	工作状态	int	1	1 或 0	不唯一	

SQL 语句：
```
create table `Doctor`
(
`Dno`  char(11) NOT NULL ,
`Dname`  char(10) NOT NULL ,
`Dsex`  char(2) NOT NULL ,
`Dzc`  char(20) NOT NULL ,
`lz_Aname`  char(20) NOT NULL ,
`Dstate`  int(1) NOT NULL ,
primary key (`Dno`)
);
```

(3)病床表(Bed)如表2.1.8所示。

表 2.1.8 病床表

属性名	属性名	类型	长度	取值范围	唯一性	说明
Cno	病床号	char	5	医院的所有病床号	唯一	主码
Cuse	使用情况	int	1	0 或 1	不唯一	
bc_Aname	所属科室	char	20	医院已有的科室	不唯一	外码

SQL 语句：
create table `Bed`
(
`Cno`   char(5) NOT NULL ,
`Cuse`   int(1) NOT NULL ,
`bc_Aname`   char(20) NOT NULL ,
primary key (`Cno`)
);

(4)患者表(Patient)如表2.1.9所示。

表 2.1.9 患者表

属性名	属性名	类型	长度	取值范围	唯一性	说明
Pno	住院号	char	11	11 位数字	唯一	主码
Pname	姓名	char	20	患者名称	不唯一	
Psex	性别	char	2	男、女	不唯一	
Pbirth	出生年月	date	14	yyyy-mm-dd 格式	不唯一	
Padd	家庭住址	char	50	有效存在的地址	不唯一	
Ptele	联系电话	char	11	有效存在的号码	唯一	候选码
Dno	主治医生	char	11	医院所有医生号	不唯一	外码(医生)
Cno	病床号	char	5	医院所有病床号	不唯一	外码(病床)
Idate	入院日期	date	8	yyyy-mm-dd 格式	不唯一	
Pmark	治疗备注	char	200	治疗过程的记录	不唯一	
Odate	出院日期	datetime	8	yyyy-mm-dd 格式	不唯一	

SQL 语句：
create table `Patient`
(
`Pno`   char(11) NOT NULL ,
`Pname`   char(20) NOT NULL ,
`Psex`   char(2) NOT NULL ,

```
`Pbirth`  date NOT NULL ,
`Padd`   char(50) NOT NULL ,
`Ptele`  char(11) NOT NULL ,
`Dno`    char(11) NOT NULL ,
`Cno`    char(5) NOT NULL ,
`Idate`  date NOT NULL ,
`Pmark`  char(200)  NULL ,
`Odate`  datetime  NULL ,
primary key (`Pno`)
);
```

(5)账号和密码表(UP)如表 2.1.10 所示。

表 2.1.10 账号密码表

属性名	属性名	类型	长度	取值范围	说明
Uname	账号	char	11	医院的工号范围	主码
Password	密码	char	6	6 位数字	

SQL 语句：
```
create table `UP` (
`Uname`  char(11) NOT NULL ,
`Password`  char(6) NOT NULL ,
primary key (`Uname`)
);
```

1.4.2 增、删、改、查操作及 SQL 语句

分模块介绍系统中各过程出现的所有增、删、改、查等操作的用途及其 SQL 语句。

注意：本节代码为系统中 SQL 语句代码。

1)登录模块

(1)系统登录。

SQL 语句：
```
select * from UPwhere Uname='$nowteaNo';
```

语句作用：在 UP 表中搜索与输入账号 $nowteaNo 所对应的密码，用于判断是否与管理员所输入的密码一致。

(2)密码修改服务。

①SQL 语句：
```
select Password from UP where Uname='$log_uname';
```

语句作用：在 UP 表中搜索与管理员输入账号 $log_uname 所对应的密码，用于判断是否与管理员所输入的密码一致。

②SQL 语句：
```
update UP set Password = '$new_password' where Uname='$log_uname';
```

语句作用：将管理员所输入账号的密码修改为新密码 $new_password。

③SQL 语句:
```
select Password from UP where Uname='$log_uname';
```
语句作用:在 UP 表中搜索与管理员输入账号 $log_uname 所对应的密码,用于判断密码是否修改成功。

2)医院信息管理模块

(1)新医护注册。

①SQL 语句:
```
select * from Ato;
```
语句作用:在科室表中查询所有科室,并以下拉菜单的形式输出,供新注册的医生选择。

②SQL 语句:
```
insert into Doctor (Dno,Dname,Dsex,Dzc,lz_Aname,Dstate) values ('".$new_doc_no."','".$new_doc_name."','".$new_doc_sex."','".$new_doc_dzc."','".$new_doc_keshi."','1');
```
语句作用:将新医护的工号、姓名、性别、职称、所属科室以及工作状态等属性插入医生表中,其中新医护的工作状态默认为 1(1 代表在院工作,0 代表离职)。

(2)员工信息删除。

①SQL 语句:
```
select * from Doctor where Dstate='1';
```
语句作用:在医生表中查询工作状态为 1(1 代表在院工作,0 代表离职)的员工的信息,并以下拉菜单的形式输出工号、姓名及所属科室,供管理员选择删除。

②SQL 语句:
```
update Doctor set Dstate='0' where Dno='$dno';
```
语句作用:将与输入工号 $dno 对应的员工的工作状态 Dstate 更新为 0(1 代表在院工作,0 代表离职)来表示员工离职或退休。

(3)员工信息更新。

①SQL 语句:
```
select * from Doctor where Dstate='1';
```
语句作用:在医护表中查询工作状态为 1(1 代表在院工作,0 代表离职或退休)的员工的信息,并以下拉菜单的形式输出工号、姓名及所属科室,供管理员选择更新。

②SQL 语句:
```
update Doctor set Dzc='$update_doc_dzc',lz_Aname='$update_doc_keshi' where Dno = '$update_doc_no';
```
语句作用:将工号为 $update_doc_no 的员工的职称属性和所属科室属性进行更新。

3)患者信息管理模块

(1)患者信息注册。

①SQL 语句:
```
select * from Doctor where Dstate='1' and Dzc='医生' union select * from Doctor where Dstate='1' and Dzc='科主任';
```
语句作用:在医护表中查询工作状态为"1"(1 代表在院工作,0 代表离职或退休)的医生信息,并以下拉菜单的形式输出员工的姓名和所属科室,供管理员选择分配。

②SQL 语句：

```
select * from Bed where Cuse='0';
```

语句作用：在病床表中查询使用情况为 0(1 代表非空床,0 代表空床)的床位信息,并以下拉菜单的形式输出床位的床位号,供管理员选择分配。

③SQL 语句：

```
insert into Patient (Pno, Pname, Psex, Pbirth, Padd, Ptele, Dno, Cno, Idate, Pmark, Odate) values('".$new_pat_no."','".$new_pat_name."','".$new_pat_sex."','".$new_pat_bir."','".$new_pat_addr."','".$new_pat_tele."','".$new_pat_dno."','".$new_pat_cno."','".$new_pat_idate."','".$new_pat_pmark."','".$new_pat_odate."') ;
```

语句作用：将新患者的住院号、姓名、性别、出生年月、家庭住址、联系电话、主治医生、病床号、入院日期、治疗备注以及出院日期等属性信息插入到患者表中。

④SQL 语句：

```
update Bed set Cuse=1 where Cno=".$new_pat_cno.";
```

语句作用：将患者注册时入住的病床的使用状态更新为 1(1 代表非空床,0 代表空床)。

(2)病历信息更新。

①SQL 语句：

```
select * from Patient where Odate='00000000';
```

语句作用：在患者表中查询出院日期为 00000000(00000000 代表患者没有出院,仍在治疗)的患者,并以下拉菜单的形式输出患者的住院号和姓名,供管理员选择更新。

②SQL 语句：

```
update Patient set Pmark='$update_pat_pmark' where Pno='$update_pat_no';
```

语句作用：将住院号为 $update_pat_no 的患者的治疗备注属性进行更新。

(3)出院手续办理。

①SQL 语句：

```
select * from Patient where Odate='00000000';
```

语句作用：在患者表中查询出院日期为 00000000(00000000 代表患者没有出院,仍在治疗)的患者,并以下拉菜单的形式输出病人的住院号和姓名,供管理员选择办理。

②SQL 语句：

```
update Patient set Odate='$update_pat_odate' where Pno='$update_pat_no';
```

语句作用：将住院号为 $update_pat_no 的患者的出院日期属性改写为当前日期。

③SQL 语句：

```
select Cno from Patient where Pno='$update_pat_no';
```

语句作用：查询住院号为 $update_pat_no 的患者所住病床的床位号。

④SQL 语句：

```
update Bed set Cuse='0' where Cno='$real_no';
```

语句作用：将出院患者所对应床位的使用情况改为 0(1 代表非空床,0 代表空床)。

(4)患者信息删除。

①SQL 语句：

```
select * from Patient where Pno='$pno';
```

语句作用：查询住院号为 $pno 的住院患者的信息,用以确定是否存在此人。

②SQL 语句：

```
delete from Patient where Pno='$pno';
```

语句作用：将住院号为 $pno 的患者的信息在患者表中删除。

4）信息查询服务模块

(1) 科室信息查询。

①SQL 语句：

```
select * from Ato;
```

语句作用：在科室表中查询所有科室，并以下拉菜单的形式输出，供管理员查询选择。

②SQL 语句：

```
select * from kesearch where lz_Aname='".$aname."';
```

语句作用：在 kesearch 视图中查询科室名称为 $aname 的视图的信息，包括科室名称、值班电话、科室所属医生的姓名、工号以及职称等信息。

(2) 医护信息查询。

①SQL 语句：

```
select * from Doctor;
```

语句作用：在医护信息表中查询所有员工的信息，并以下拉菜单的形式输出姓名和所属科室，供管理员查询选择。

②SQL 语句：

```
select * from doctorsearch where Dno='$dno';
```

语句作用：在视图 doctorsearch 中查询工号为 $dno 的医护人员的信息，包括工号、姓名、性别、所属科室、职称、工作状态以及主治患者的住院号及姓名等信息。

③SQL 语句：

```
select * from Doctor where Dno='$dno';
```

语句作用：在 doctor 表中查询工号为 $dno 的医护人员的信息，包括工号、姓名、性别、所属科室、职称、以及工作状态等信息（有无主治患者的情况）。

(3) 床位信息查询。

①SQL 语句：

```
select * from Bed where Cuse='1';
```

语句作用：在病床表中查询使用情况（1 代表非空床，0 代表空床）为 1 的床位信息，包括床位号、所属科室以及使用情况等信息。

②SQL 语句：

```
select * from Bed where Cuse='0';
```

语句作用：在病床表中查询使用情况（1 代表非空床，0 代表空床）为 0 的床位信息，包括床位号、所属科室以及使用情况等信息。

(4) 病历信息查询。

①SQL 语句：

```
select * from Patient;
```

语句作用：在患者表中查询所有患者的信息，并以下拉菜单的形式输出住院号和姓名，用于管理员选择查询的对象。

②SQL 语句：
```
select * from Patient where Pno='$pno';
```
语句作用：在患者表中查询住院号为 $pno 的病人的信息，并输出患者的全部属性信息。

1.5 系统实施与系统维护

1.5.1 DBMS& 开发语言的选择

(1)数据库选择的是 MySQL。
(2)开发语言选择的是 PHP。
(3)使用 Zend Studio 软件编辑 PHP。

1.5.2 数据的载入

整个系统一共有 5 张基本表，科室基本表、医护基本表、病床基本表、患者基本表以及账号密码基本表(其中账户密码基本表用来存放整个系统管理员的账户和密码信息)。

1)账号密码基本表数据的载入
```
insert into UP(Uname,Password)values ('20161004186','123456');
```
2)科室基本表数据的载入
```
insert into Ato (Aname,Atele) values ('内科','67881231');
insert into Ato (Aname,Atele) values ('外科','67881232');
insert into Ato (Aname,Atele) values ('儿科','67881233');
```
3)医护基本表数据的载入
```
insert into Doctor (Dno,Dname,Dsex,Dzc,lz_Aname,Dstate) values ('20131004321','李明','男','科主任','内科','1');
insert into Doctor (Dno,Dname,Dsex,Dzc,lz_Aname,Dstate) values ('20131004322','李红','女','护士长','内科','1');
insert into Doctor (Dno,Dname,Dsex,Dzc,lz_Aname,Dstate) values ('20131004323','李平','男','医生','内科','1');
insert into Doctor (Dno,Dname,Dsex,Dzc,lz_Aname,Dstate) values ('20131004324','王平','女','医生','内科','1');
insert into Doctor (Dno,Dname,Dsex,Dzc,lz_Aname,Dstate) values ('20131004325','王明','男','医生','外科','1');
insert into Doctor (Dno,Dname,Dsex,Dzc,lz_Aname,Dstate) values ('20131004326','王红','女','科主任','外科','1');
insert into Doctor (Dno,Dname,Dsex,Dzc,lz_Aname,Dstate) values ('20131004327','张明','女','护士长','外科','1');
insert into Doctor (Dno,Dname,Dsex,Dzc,lz_Aname,Dstate) values ('20131004328','张阳','女','科主任','儿科','1');
insert into Doctor (Dno,Dname,Dsex,Dzc,lz_Aname,Dstate) values ('20131004329','张红','女','护士长','儿科','1');
insert into Doctor (Dno,Dname,Dsex,Dzc,lz_Aname,Dstate) values ('20131004330','张强','男','医生','儿科','1');
```

4) 病床基本表数据的载入

```
insert into Bed (Cno,Cuse,bc_Aname) values ('20101','0','内科');
insert into Bed (Cno,Cuse,bc_Aname) values ('20102','0','内科');
insert into Bed (Cno,Cuse,bc_Aname) values ('20103','0','内科');
insert into Bed (Cno,Cuse,bc_Aname) values ('20201','0','外科');
insert into Bed (Cno,Cuse,bc_Aname) values ('20202','0','外科');
insert into Bed (Cno,Cuse,bc_Aname) values ('20203','0','外科');
insert into Bed (Cno,Cuse,bc_Aname) values ('20301','0','儿科');
insert into Bed (Cno,Cuse,bc_Aname) values ('20302','0','儿科');
insert into Bed (Cno,Cuse,bc_Aname) values ('20303','0','儿科');
```

5) 患者基本表数据的载入

```
insert into Patient(Pno,Pname,Psex,Pbirth,Padd,Ptele,Dno,Cno,Idate,Pmark,Odate)
values('20150501001','王甲','男','1994-01-01','洪山区','18812344321','20131004321','20101','2015-05-01','','0000-00-00');
insert into Patient (Pno,Pname,Psex,Pbirth,Padd,Ptele,Dno,Cno,Idate,Pmark,Odate)
values ('20150502002','王乙','男','1995-02-02','洪山区','18812344322','20131004323','20102','2015-05-02','','0000-00-00');
insert into Patient (Pno,Pname,Psex,Pbirth,Padd,Ptele,Dno,Cno,Idate,Pmark,Odate)
values('20150503003','王丙','女','1994-03-03','洪山区','18812344323','20131004325','20201','2015-05-03','','0000-00-00');
insert into Patient (Pno,Pname,Psex,Pbirth,Padd,Ptele,Dno,Cno,Idate,Pmark,Odate)
values ('20150504004','王丁','男','1993-04-04','洪山区','18812344324','20131004326','20202','2015-05-04','','0000-00-00');
insert into Patient (Pno,Pname,Psex,Pbirth,Padd,Ptele,Dno,Cno,Idate,Pmark,Odate)
values ('20150505005','王戊','女','1994-05-05','洪山区','18812344325','20131004328','20301','2015-05-05','','0000-00-00');
insert into Patient (Pno,Pname,Psex,Pbirth,Padd,Ptele,Dno,Cno,Idate,Pmark,Odate)
values ('20150506006','王辛','男','1993-06-06','洪山区','18812344326','20131004330','20302','2015-05-06','','0000-00-00');
update Bed set Cuse='1' where Cno='20101';
update Bed set Cuse='1' where Cno='20102';
update Bed set Cuse='1' where Cno='20201';
update Bed set Cuse='1' where Cno='20202';
update Bed set Cuse='1' where Cno='20301';
update Bed set Cuse='1' where Cno='20302';
```

1.6 系统运行结果

1.6.1 系统登录

系统登录界面如图 2.1.21 所示。

图 2.1.21 系统登录界面

1.6.2 密码信息管理

密码信息管理界面如图 2.1.22 所示。

图 2.1.22 密码信息管理界面

1.6.3 系统主菜单

系统主菜单界面如图 2.1.23 所示。

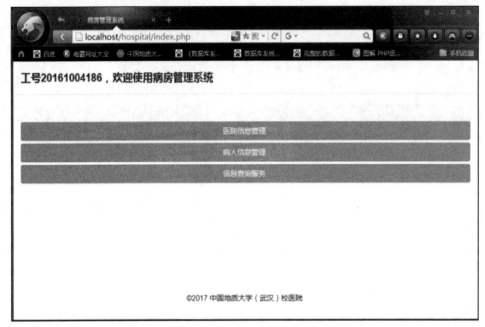

图 2.1.23 系统主菜单界面

1.6.4 医院信息管理

(1)医院信息管理模块主菜单界面如图 2.1.24 所示。

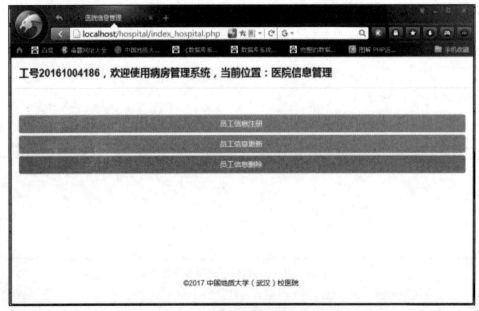

图 2.1.24 医院信息管理模块主菜单界面

(2) 新医生注册界面如图 2.1.25 所示。

图 2.1.25　新医生注册界面

(3) 员工信息更新界面如图 2.1.26 所示。

图 2.1.26　员工信息更新界面

(4)员工信息删除界面如图 2.1.27 所示。

图 2.1.27　员工信息删除界面

1.6.5　患者信息管理

(1)患者信息管理模块主界面如图 2.1.28 所示。

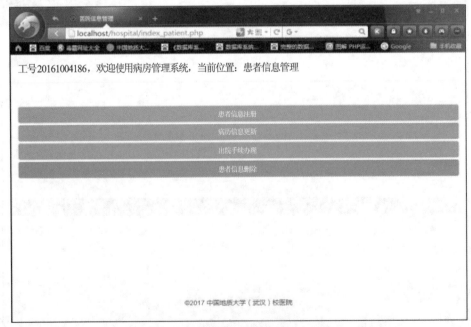

图 2.1.28　患者信息管理模块主界面

(2)患者信息注册界面如图 2.1.29 所示。

图 2.1.29　患者信息注册界面

(3)患者信息更新界面如图 2.1.30 所示。

图 2.1.30　患者信息更新界面

(4)患者办理出院手续界面如图 2.1.31 所示。

图 2.1.31　患者办理出院手续界面

(5)患者信息删除界面如图 2.1.32 所示。

图 2.1.32　患者信息删除界面

1.6.6 系统查询服务

(1)信息查询服务模块主界面如图 2.1.33 所示。

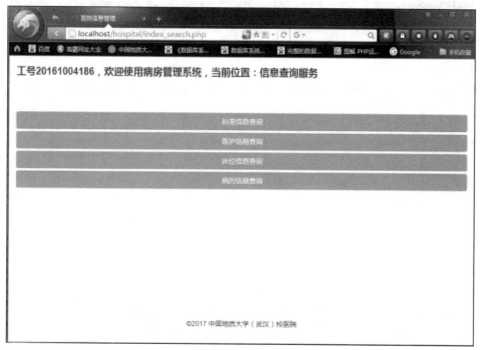

图 2.1.33　信息查询服务模块主界面

(2)科室信息查询界面如图 2.1.34 所示。

图 2.1.34　科室信息查询界面

(3)医护人员信息查询界面如图2.1.35所示。

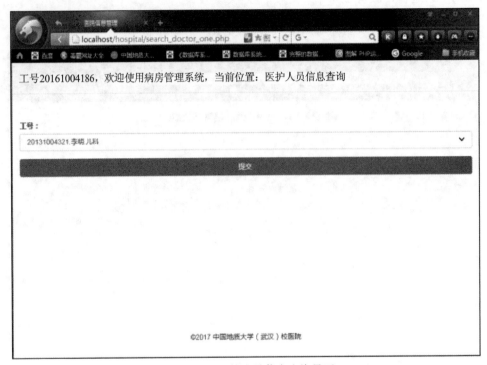

图 2.1.35　医护人员信息查询界面

(4)床位信息查询界面如图2.1.36所示。

图 2.1.36　床位信息查询界面

(5)病历信息查询界面如图 2.1.37 所示。

图 2.1.37 病历信息查询界面

1.7 ThinkPHP 框架版本

在上述章节中,我们用原生 PHP+MySQL 完成了病房管理系统。在实际使用中,原生 PHP 有一些缺点,而 ThinkPHP 框架有很多优点。

1)原生 PHP 缺点

(1)代码不够简洁,会产生很多冗余。

(2)PHP 代码、SQL 语句、HTML 代码混合,维护成本高。

(3)代码没有优化,效率低。

(4)不能有效地防止 SQL 注入、xss 攻击等,不安全。

2)ThinkPHP 框架优点

(1)使用 MVC 开发模式,使模型、视图和控制器分离,代码更简洁,更容易维护。

(2)可以使用公共代码和类库,提高开发速度。

(3)自动过滤 sql 注入、xss 攻击等,使系统更安全。

(4)具有社区支持,你可以在相应的框架社区寻求帮助、讨论和反馈等。

(5)动态加载所需类库,性能高。

(6)很有趣,比起枯燥乏味的原生代码,使用框架会为你的工作增加一丝生机。

系统案例 2　食堂订餐系统(SQL Server＋Java)

注:本系统已经演化成"顿顿由你"小程序,疫情期间在地大南望山校区成功应用,年创收1240万元,现已经扩大到未来城校区供全体师生使用,2023年在线人数突破5.5万,年收入超过1440万元。

2.1　需求分析

2.1.1　需求背景

本系统由 SQL Server＋Java 实现,由于软件系统的不断发展,应用软件已经遍及到社会的各行各业,大到厂方校级,小到餐饮企业,并且正在以它独特的优势服务于社会的各行各业。将应用软件应用于现在的餐饮业,解决了传统记账、统计、核算方式既费时又容易出错的问题。通过使用食堂订餐系统,不仅可以快速完成营业记账工作,而且可以轻松地对营业额进行统计、核算。原来既费时又费力的工作,现在只需要轻点几下鼠标和键盘就可以轻松完成,既提高了工作效率,又节省了人力资源,为餐饮企业的巨大发展提供了巨大的空间。

食堂管理的一般流程:根据食堂订餐系统的特点,可以将系统划分为前台服务、后台管理、结账报表、系统安全四大功能模块,其中系统安全模块用来维护系统的正常运行。

系统的主要业务流程如下。

第一步:登录系统,选择适合您的身份。根据登录用户和密码进行登录。

第二步:选择台号,录入顾客消费信息和菜单种类信息等。即吧台查询菜品、菜系、菜品价格等详细资料,选择开单,将信息录入食堂订餐系统的数据库中。一个顾客对应一个台号,台号一定要确保准确无误,以便上菜。

第三步:对顾客消费进行签单处理。录入实收金额,对顾客的消费信息进行结账找零服务。

第四步:对日、月、年的消费信息进行汇总处理。对整个食堂每日、每年、每月的消费信息进行简单的计算,方便食堂管理人员了解食堂的运行状态和运营趋势。

第五步:对食堂台数、菜品、菜系进行实时更新,确保食堂旺淡季、不同季节的不同营销模式。

第六步:对食堂管理人员账户进行用户管理和修改密码维护,实现系统的安全登录和日常维护。

这些模块包括的具体功能如图 2.2.1 所示。

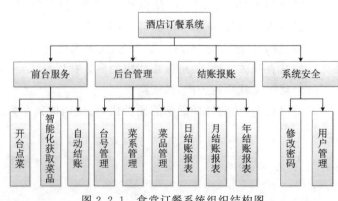

图 2.2.1　食堂订餐系统组织结构图

2.1.2 数据字典

1)数据项

数据项如表 2.2.1 所示。

表 2.2.1 数据项

编号	数据项名称	数据项含义说明	别名	数据类型	长度
1	姓 名	用户登录名	name	varchar	8
2	性 别	用户性别	sex	char	2
3	出生日期	用户出生日期	birthday	datetime	
4	身份证号	用户身份证号	id_card	varchar	20
5	登录密码	用户登录密码	password	varchar	20
6	台号	订餐桌号	num	int	
7	座位数	桌子的数量	seating	varchar	5
8	菜系名称	菜系名称	name	varchar	20
9	菜系	菜系种类	Sort_id	char	8
10	助记码	菜品助记码	code	varchar	10
11	单位	菜品单位	uint	varchar	4
12	单价	菜品单价	unit_price	int	
13	订单编码	订单号	order_form_num	Char	11
14	菜单号	菜单号	menu_num	Char	8
15	数量	菜品数量	amount	int	
16	总共	菜品总共钱数	total	int	
17	桌台号	桌子号码	desk_num	Varchar	5
18	开台时间	下单的时间	datetime	Datetime	
19	金额	下单总金额	money	Int	
20	用户编号	用户编码	User_id	int	

2)数据结构

通过分析,该系统具有 4 个数据结构,即台号信息、菜号人员、菜系信息、用户信息,如表 2.2.2 所示。

3)数据流

数据流如表 2.2.3 所示。

4)数据存储

数据存储如表 2.2.4 所示。

表 2.2.2 数据结构

编号	数据结构名	含义说明	组成数据项
1	台号信息	顾客点菜的台号数、座位数信息	台号数、座位数
2	菜品信息	菜品的名称、助记码、单位、单价、所属于菜系信息	名称、助记码、单位、单价
3	菜系信息	菜品所属的菜系名称信息	菜系名称、菜系编码
4	用户信息	用户的姓名、性别、出生日期、登录密码、身份证号信息	姓名、性别、出生日期、登录密码、身份证号

表 2.2.3 数据流

编号	数据流名	说明	数据流来源	数据流去向	组成
1	用户编号	系统对用户的编号,是用户的唯一标识信息	登录系统	订餐服务台	用户编号
2	用户密码	登录系统中用户设置的密码	登录系统	订餐服务台	用户密码
3	菜品基本信息	菜品的名称、编号等各种标识信息	菜品信息系统	菜品服务台	菜品的编号及基本信息
4	菜系基本信息	菜系的名称、编号等各种标识信息	菜系信息系统	菜系服务台	菜系的编号及基本信息
5	台号信息	桌台的名称、编号等各种标识信息	桌台信息系统	桌台服务台	桌台的编号及基本信息

表 2.2.4 数据存储

编号	数据存储名	说明	输入数据流	输出数据流	组成
1	台号信息	存储桌台实体的相关信息	台号原始信息数据	台号信息匹配与查询	台号信息的各属性
2	菜系信息	存储菜系实体的相关信息	菜系原始信息数据	菜系信息匹配与查询	菜系信息的各属性
3	菜品信息	存储菜品实体的相关信息	菜品原始信息数据	菜品信息匹配与查询	菜品信息的各属性
4	登录信息	存储登录系统的账号和密码	管理员的账号和密码	管理员能否正确的登录	账号和密码

5)处理过程

处理过程如表 2.2.5 所示。

表 2.2.5 处理过程

编号	处理过程名	说明	输入	输出	处理
1	登录名生成	为新用户生成唯一的登录编号	用户凭证	用户编号	根据既定规则生成唯一的用户编号
2	信息录入	手动录入用户信息	用户基本信息	用户基本信息	将用户的基本信息数字化
3	用户编号	系统对用户的编号,是用户的唯一标识信息	用户编号	订餐服务台	登录系统
4	用户密码	登录系统中用户设置的密码	用户密码	订餐服务台	登录系统
5	菜品基本信息	菜品的名称、编号等各种标识信息	菜品信息系统	菜品服务台	菜品的编号及基本信息
6	菜系基本信息	菜系的名称、编号等各种标识信息	菜系信息系统	菜系服务台	菜系的编号及基本信息
7	台号信息	桌台的名称、编号等各种标识信息	桌台信息系统	桌台服务台	桌台的编号及基本信息

2.1.3 数据流图

1)一级数据流图

食堂订餐管理系统总数据流图如图 2.2.2 所示。

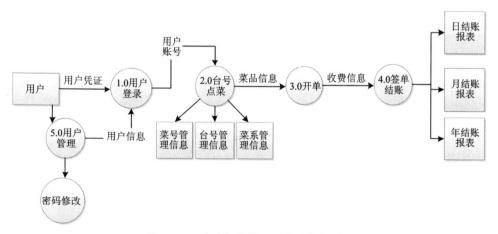

图 2.2.2 食堂订餐管理系统总数据流图

2)二级数据流图
(1)食堂订餐系统用户登录环节分数据流图如图 2.2.3 所示。

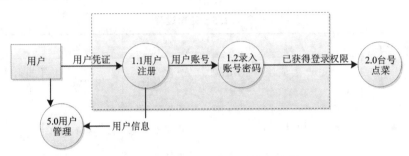

图 2.2.3 用户登录环节分数据流图

(2)食堂订餐系统台号点菜环节分数据流图如图 2.2.4 所示。

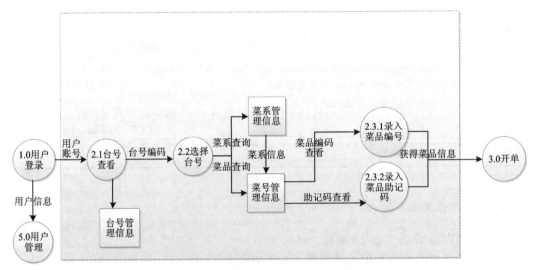

图 2.2.4 台号点菜环节分数据流图

(3)食堂订餐系统开单环节分数据流图如图 2.2.5 所示。

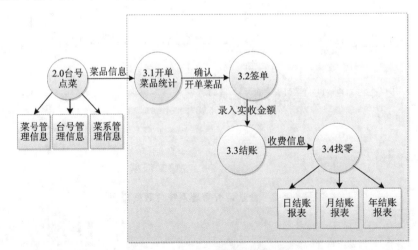

图 2.2.5 开单环节分数据流图

(4)食堂订餐系统签单结账环节分数据流图如图2.2.6所示。

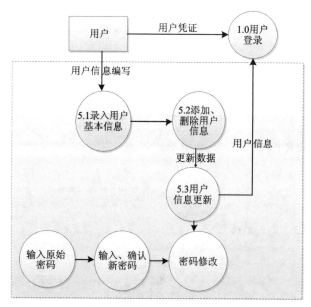

图 2.2.6　签单结账环节分数据流图

2.2　概念设计

2.2.1　分 E-R 图

(1)菜品实体分 E-R 图如图 2.2.7 所示。

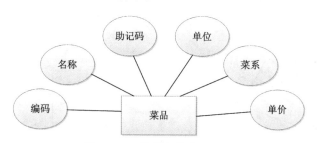

图 2.2.7　菜品实体分 E-R 图

(2)菜系实体分 E-R 图如图 2.2.8 所示。

图 2.2.8　菜系实体分 E-R 图

(3)桌台实体分 E-R 图如图 2.2.9 所示。

图 2.2.9　桌台实体分 E-R 图

(4)用户实体分 E-R 图如图 2.2.10 所示。

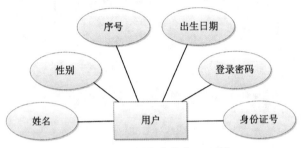

图 2.2.10　用户实体分 E-R 图

2.2.2　局部 E-R 图

(1)菜品-菜系实体局部 E-R 图如图 2.2.11 所示。

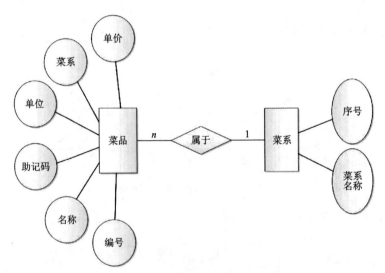

图 2.2.11　菜品-菜系实体局部 E-R 图

(2)菜品-桌台实体局部 E-R 图如图 2.2.12 所示。

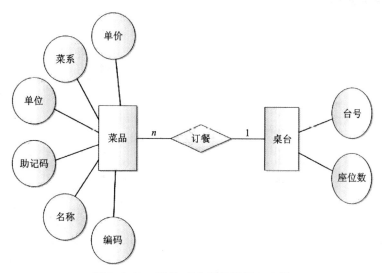

图 2.2.12　菜品-桌台实体局部 E-R 图

(3)菜系-桌台实体局部 E-R 图如图 2.2.13 所示。

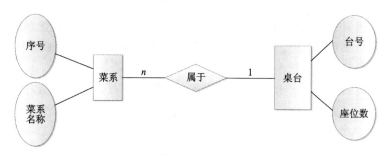

图 2.2.13　菜系-桌台实体局部 E-R 图

(4)桌台-用户实体局部 E-R 图如图 2.2.14 所示。

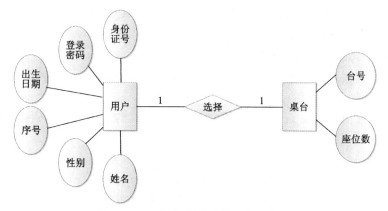

图 2.2.14　桌台-用户实体局部 E-R 图

2.2.3 总 E-R 图

总 E-R 图如图 2.2.15 所示。

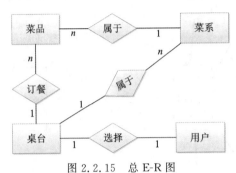

图 2.2.15　总 E-R 图

2.3 逻辑结构设计

2.3.1 E-R 图向关系模型的转换

1) 实体间的联系分析

关系模型的逻辑结构是一组关系模式的集合。E-R 图则是由实体型、实体的属性和实体型之间的联系 3 个要素组成的。所以将 E-R 图转换为关系模型实际上就是要将实体型、实体的属性和实体型之间的联系转换为关系模式。

从概念设计得出的各级 E-R 图及两个实体之间的相互关系可以知道,食堂订餐系统有 4 个联系(菜品与菜系之间的联系、菜品与桌台之间的联系、菜系与桌台之间的联系、桌台与用户之间的联系)。一个 1∶n 联系可以转换为一个独立的关系模式,也可以与 n 端对应的关系模式合并。如果转换为一个独立的关系模式,则与该联系相连的各实体的码以及联系本身的属性均转换为关系的属性,而关系的码为 n 端实体的码。

2) 关系模式

从上述的总 E-R 图中可以转换出以下 4 个关系模式,即菜品、菜系、桌台、用户。

其中关系的码用下横线标出。

(1) 菜品(<u>编号</u>,名称,助记码,单位,菜系,单价)。

此为菜品实体对应的关系模式。编号为该关系模式的主码,菜系为该关系模式的外码。

(2) 菜系(<u>序号</u>,菜系名称)。

此为菜系实体对应的关系模式。序号为该关系模式的主码,菜系名称为关系模式的候选码。

(3) 桌台(<u>台号</u>,座位数)。

此为桌台实体对应的关系模式,台号为该关系模式的主码。

(4) 用户(<u>序号</u>,姓名,性别,出生日期,登录密码,身份证号)。

此为用户实体对应的关系模式。序号为该关系模式的主码,姓名为该关系模式的候选码。

2.3.2 数据模型的优化

数据库逻辑设计的结果不是唯一的。为了进一步提高数据库应用系统的性能,还应该根据应用需要适当地修改、调整数据模型的结构,这就是数据模型的优化。以下为关系数据模型的优化。

2.3.3 设计用户子模式

定义数据库全局模式主要是从系统的时间效率、空间效率、易维护等角度出发。由于用户外模式与模式是相对独立的,因此在定义用户外模式时,可以注重考虑用户的习惯与需求。
(1)使用更符合用户习惯的别名。
(2)可以对不同级别的用户定义不同的视图,以保证系统的安全性。
(3)简化用户对系统的使用。

根据需求分析中的要求能够进行菜品查询(菜品名称、助记码,单价,单位等)、菜系有关信息查询(所属菜系种类)、桌台查询(台号,座位数查询等)以及用户信息查询(用户名称,出生日期,性别,身份证号,密码修改)等。因此,在进行视图设计时设计了以上 4 个功能的视图,即菜品查询视图,菜系查询视图、台号查询视图与用户管理查询视图。

2.4 物理设计

2.4.1 物理存取结构(数据库/数据库表)设计、基本表及 SQL 语句

(1)菜品表如表 2.2.6 所示。

表 2.2.6 菜品表

属性名	属性名	类型	长度	取值范围	唯一性	说明
num	菜品编号	char	8	食堂所有菜品编号	唯一	主码
sort_id	菜系编号	int	20	食堂所有菜系编号	唯一	外码
name	菜品名称	varchar	10	食堂所有菜品名称		
code	助记码	varchar	4	帮助每个菜品记忆编码		
unit	单位	varchar		每个菜品的单位		
unit_price	单价	int	4	每个菜品的单价		

SQL 语句:
```
create table dbo.tb_menu(
num char(8) NOT NULL,
sort_id int NOT NULL,
name varchar(20) NOT NULL,
code varchar(10) NOT NULL,
unit varchar(4) NOT NULL,
unit_price int NOT NULL,
```

stat char(4) NOT NULL,
constraint PK_TB_MENU primary key(num)
);

(2)菜系表如表2.2.7所示。

表2.2.7 菜系表

属性名	属性名	类型	长度	取值范围	唯一性	说明
id	序号	int		菜系序号	唯一	主码
Name	菜系名称	varchar	20	食堂所有菜系名称	唯一	候选码

SQL语句：

create table dbo.tb_sort(
id int identity(1,1) NOT NULL,
name varchar(20) NOT NULL,
constraint PK_TB_SORT primary key(id)
);

(3)桌台表如表2.2.8所示。

表2.2.8 桌台表

属性名	属性名	类型	长度	取值范围	唯一性	说明
Num	台号	varchar	5	桌台编码	唯一	主码
Seating	座位数	Int		每个桌台座位数		

SQL语句：

create table dbo.tb_desk(
num varchar(5) NOT NULL,
seating int NOT NULL,
constraint PK_TB_DESK primary key(num)
);

(4)用户信息表如表2.2.9所示。

表2.2.9 用户信息表

属性名	属性名	类型	长度	取值范围	唯一性	说明
Id	用户编号	int		食堂所有菜品编号	唯一	主码
Name	用户名	Varchar	8	食堂所有菜系编号	唯一	候选码
Sex	用户性别	char	2	男/女		
Birthday	用户生日	Datetime		帮助每个菜品记忆编码		
Id_card	用户身份证号码	Varchar	20	每个菜品的单位		
Password	用户登录密码	varchar	20	每个菜品的单价		

SQL 语句：
```sql
create table dbo.tb_user(
id int identity(1,1) NOT NULL,
name varchar(8) NOT NULL,
sex char(2) NOT NULL,
birthday datetime NOT NULL,
id_card varchar(20) NOT NULL,
password varchar(20) NOT NULL,
freeze char(4) NOT NULL,
constraint PK_TB_USER primary key(id)
);
```

2.4.2 增、删、改、查操作及 SQL 语句

分模块介绍系统中各过程出现的增、删、改、查操作的 SQL 语句及其用途。

1）登录模块

（1）系统登录。

SQL 语句：

```sql
select name,sex,birthday,id_card,freeze from tb_user where freeze='正常';
```

语句作用：在 tb_user 表中搜索与管理员输入账号所对应的密码，用于判断是否与用户所输入的密码一致。

（2）密码修改服务。

①SQL 语句：

```sql
select * from tb_user where name='Tsoft';
```

语句作用：在 tb_user 表中选择管理员账号名为"Tsoft"的信息。

②SQL 语句：

```sql
update tb_user set password='111' where name=' Tsoft ';
```

语句作用：将 name 为 Tsoft 的管理员密码修改为"111"。

2）菜品信息管理模块

（1）菜品选择。

①SQL 语句：

```sql
select * from tb_menu;
```

语句作用：在菜品表中查询所有菜品信息，供顾客选择。

②SQL 语句：

```sql
insert into tb_menu values('08011510','22','油焖大虾','ymdx','斤','128','销售');
```

语句作用：将新菜品的编号、名称、助记码、所属菜系编号、单位以及单价等属性插入菜品表中。

（2）菜品信息删除。

SQL 语句：

```sql
delete from tb_menu where name='油焖大虾';
```

语句作用:在菜品表中删除 name 为"油焖大虾"的记录。

(3)菜品信息更新。

SQL 语句:

```
update tb_menu set sort_id='23',unit_price='150'  where name='油焖大虾';
```

语句作用:在菜品表中更新 name 为"油焖大虾"的信息,并对所属菜系编号、单位以及单价进行更新。

3)菜系信息管理模块

(1)菜系选择。

①SQL 语句:

```
select name from tb_sort;
```

语句作用:在菜系表中查询所有菜系信息,供顾客选择。

②SQL 语句:

```
insert into tb_sort(id,name) values('30','甜品');
```

语句作用:将新菜品的编号、菜系名称插入菜品表中;

注意:如出现错误:当 IDENTITY_INSERT 设置为 OFF 时,不能为表 'tb_sort' 中的标识列插入显式值,则运行"set IDENTITY_INSERT tb_sort ON;"即可解决。

(2)菜系信息删除。

SQL 语句:

```
delete from tb_sort where name='甜品';
```

语句作用:在菜品表中删除 name 为"甜品"的信息。

2.5 系统实施与系统维护

2.5.1 DBMS & 开发语言的选择

(1)数据库选择的是 SQL Server 2008 R2。
(2)开发语言选择的是 Java。
(3)使用 Eclipse 软件编辑 Java。

2.5.2 数据库的载入

整个系统一共有 4 张基本表,即菜品基本表、菜系基本表、桌台基本表、用户信息基本表,其中用户信息基本表是用来存放整个系统登录的账户和密码信息。

2.6 系统运行结果

2.6.1 系统登录界面

系统登录界面如图 2.2.16 所示。

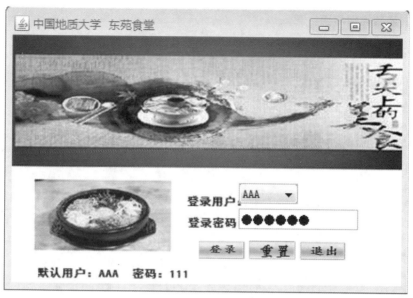

图 2.2.16　系统登录界面

2.6.2　系统主界面

系统主界面如图 2.2.17 所示。

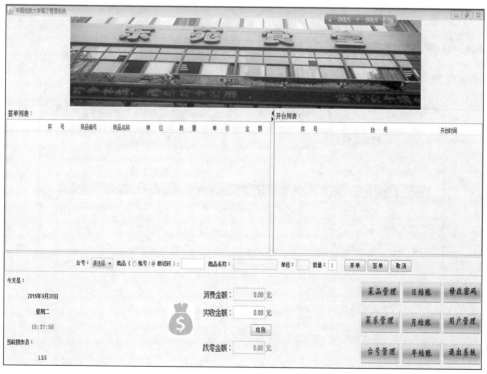

图 2.2.17　系统主界面

2.6.3 菜品管理界面

菜品管理界面如图2.2.18所示。

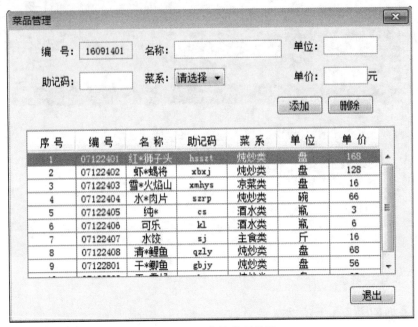

图2.2.18 菜品管理界面

2.6.4 菜系管理界面

菜系管理界面如图2.2.19所示。

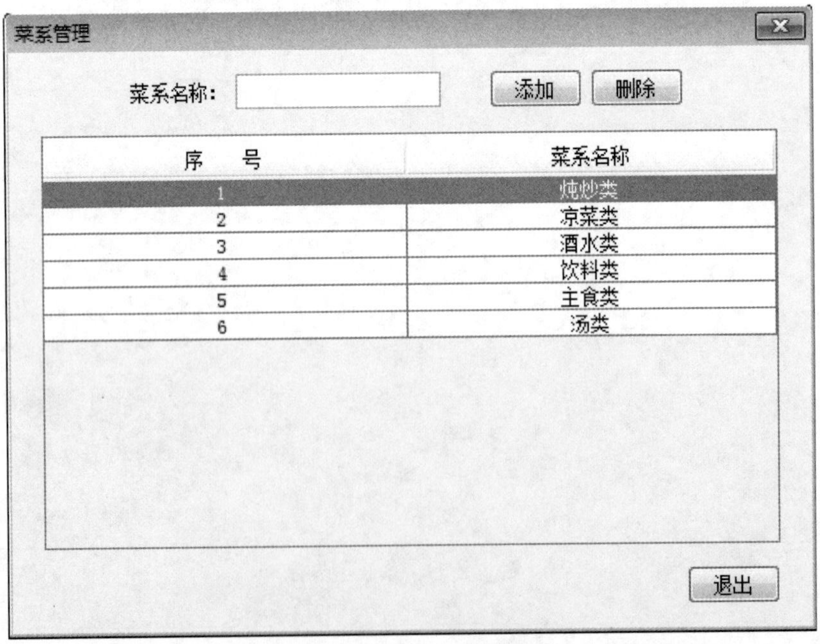

图2.2.19 菜系管理界面

2.6.5 台号管理界面

台号管理界面如图 2.2.20 所示。

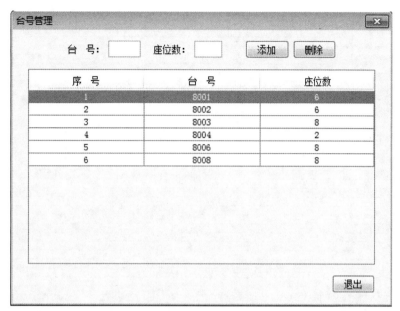

图 2.2.20　台号管理界面

2.6.6 结账界面

(1) 日结账界面如图 2.2.21 所示。

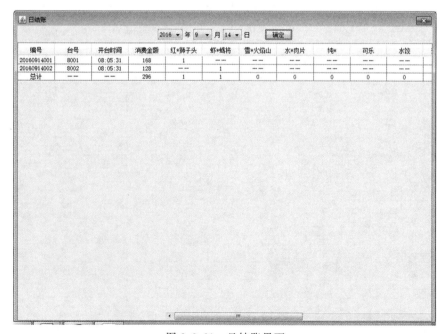

图 2.2.21　日结账界面

(2)月结账界面如图 2.2.22 所示。

图 2.2.22 月结账界面

(3)年结账界面如图 2.2.23 所示。

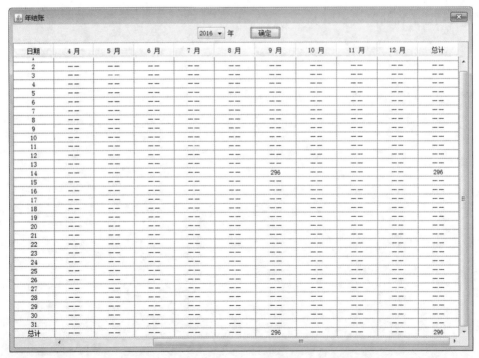

图 2.2.23 年结账界面

2.6.7 用户管理界面

用户管理界面如图 2.2.24 所示。

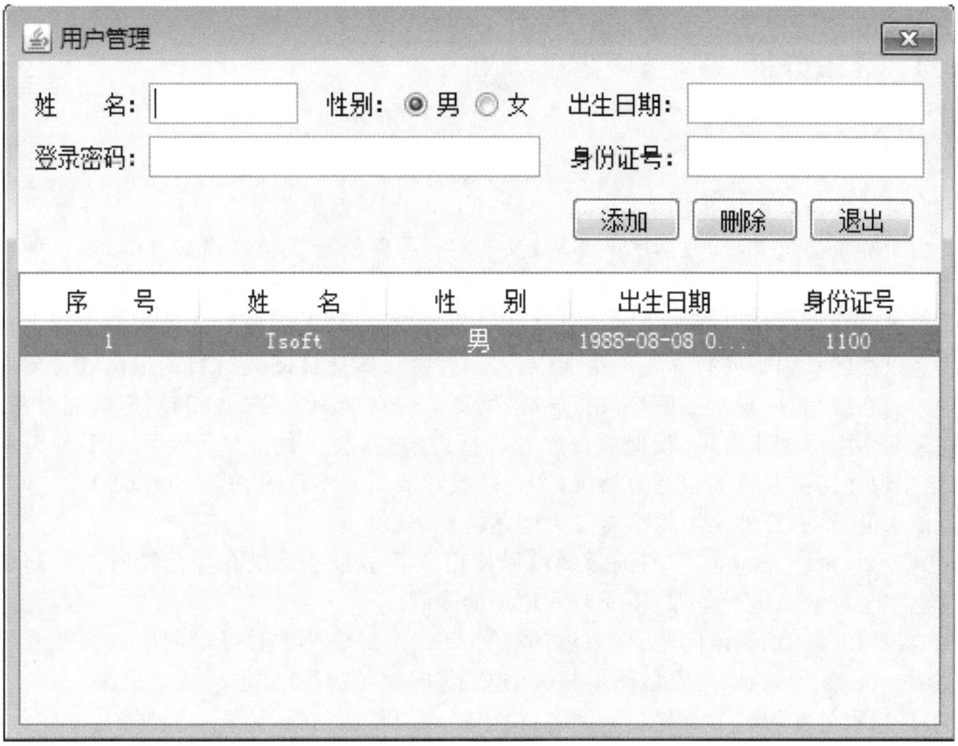

图 2.2.24 用户管理界面

2.6.8 密码修改界面

密码修改界面如图 2.2.25 所示。

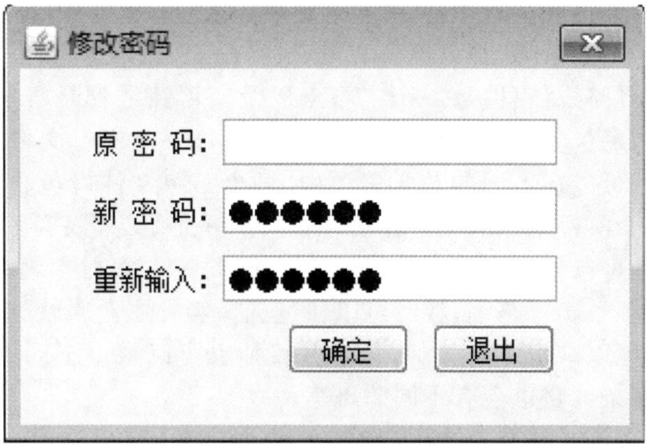

图 2.2.25 密码修改界面

系统案例3 秭归实习服务系统(PostGIS＋GeoServer)

3.1 需求分析

3.1.1 需求说明

秭归野外实习是中国地质大学(武汉)地理与信息工程学院教学过程中十分重要的实践环节。由于师资力量欠缺、教学团队不固定、秭归实习路线与点位易遭破坏等,以往的秭归野外教学深受时间空间限制,对实习教师参与野外实习备课与讲课是一个不小的挑战。带队的教师不仅需要花费大量时间精力整理总结往年的教学资料,还需要对其他实习教师进行教学培训。在以往的秭归野外教学实地讲课中,实习教师只能凭借阅读材料的记忆或者借助文本资料记录的路线信息、观察点信息来指导教学,而无法精确地定位地点和确定研究对象,这就导致在带领学生穿越路线,寻找地质现象并进行讲解时,会受到天气、噪声、地形等因素的影响,容易出现迷路或漏掉知识点等情况,实地的教学效果并不理想,教学效率低下。

总的来说,秭归野外实习教学有三大问题需要解决:

(1)实习教师备课问题:实习的教师可以使用该教学服务系统在课前随时随地阅览相关数据信息和文件资源进行备课,不受时间地点的限制。

(2)实习教师实地教学问题:实习教师在秭归野外实地教学时可以利用该服务系统进行实习路线、点位的导航,以及直接阅览相关的文字、图片、视频资源进行实地授课。

(3)秭归野外实习教学资料更新问题:由于野外的复杂情况,岩石、点位等易受到天气、地形、噪声等环境因素的影响而遭到破坏,可能需要做些路线的调整,而有了该服务系统,每次实地实习时都可以及时记录和更新信息。

3.1.2 需求理解

针对上述秭归野外实习教学中存在的三大问题,发现该系统面向秭归实习教学的全体教师,旨在在整个系统中通过解决教学备课、实地考察以及资料更新的问题,所以不难有以下的需求理解:每个使用系统的教师,都有用户ID来进行标识,教师通过用户名和密码登录系统,然后查询相关资源或者路线信息;每一个实习点以及实习路线都是唯一的,并且每个实习点可以在不同的路线中,每个实习路线包含多个实习点;每一个实习文件和教学资源都是唯一的,并且每个资源文件可以在不同的教学资源中,每个实习文件可以包含多个资源文件,例如,教学资源中可以有某个实习地点的文字介绍、图片、视频介绍等,该资源文件被储存在磁盘某一路径中,而实习文件可以包含多个文件路径的资源;每一个实习主题都是被唯一标识的,且每一个实习主题中有多条实习路线,教师可以通过选择实习主题来快速判断实习路线的合理性。每一辆通勤班车可以乘坐多名教师,每一名教师也可以乘坐不同的班车,每辆班车可以跑不同的实习线路,每条线路也会有不同的班车。

每一个教师注册系统时都有一个用户ID,每个用户ID唯一标识一位实习教师,用户ID由9位整数组成,形如:2021 11 001。其中,前四位代表用户的注册年份,第五、六两位代表教师所在的院系代号,所属学校哪一行政单位,末三位为从001开始的顺序编号,由注册顺序分别赋给每一位老师,以区别在同一院系,同年注册的教师,保证标识的唯一性,工作证号与教师为一对一的关系,该数据的类型为 INT,长度为 9。用户密码是每个用户申请时需要设置的密码,数据类型为 CHAR,长度限制在 25 个字符以内。用户名是用户创建时的名字,由于不同教师的用户名会存在相同情况,则其不能唯一标识用户,用户名可以包含中文、英文以及符号,所以此类型数据为 VARCHAR,长度为 25 个字符以内。用户职称是每个教师的职称,此类型数据为 VARCHAR,长度为 10 个字符以内。教师创建用户时必须绑定一个电话号码,数据类型为 CHAR,长度为 11 个数字字符。

每一个实习点位都有其实习点位号,实习点位号可以唯一地标识一个实习点,实习点位号由 6 个合法字符组成,形如:DD0001,其中前两个字符表示该点位是中国地质大学(武汉)的实习点位,末四位为从 0001 开始的顺序编号,是由开发顺序分别赋予每个点位,用以保证标识的唯一性。每个点位都有其自己的名称,但不能唯一标识点位,此类型数据为 VARCHAR,长度为 20 个字符以内。点位也有其详细描述和地理位置,前者类型数据为 TEXT,长度为 45,后者数据类型为 GEOMETRY(POINT,4326),为 POSTGIS 支持数据类型。

每一条实习路线都有其实习路线 ID,实习路线 ID 可以唯一地标识一条实习路线,实习路线 ID 由 6 位整数构成,形如:213001,前两位表示路线规划年限的后两位,例如某条实习路线是 2021 年规划完毕,则其前两位取 21。第三位是描述该条路线由几个实习点位组成,末三位为从 001 开始的顺序编号,是由规划顺序分别赋予每条路线,以区分同一年限、同样的点位数量组成的不同路线,以保证 ID 的唯一性,该数据类型为 INT,长度为 6。每条路线都有其自己的名称,但不能唯一标识某条路线,此类型数据为 VARCHAR,长度为 20 个字符以内。特别地,每条路线有其几何形状,则其数据类型为 GEOMETRY(LINESTRING,4326),为 POSTGIS 支持数据类型。

资源文件 ID 是每一个资源文件创建时唯一标识其的代号,该代号由 4 个字符组成,形如:V001,其中第一个字符表示文件类型,T 表示文件为文本,P 表示文件为图片格式,M 表示为音频,V 表示为视频,末三位为从 001 开始的顺序编号,是按存储顺序分别赋予每个资源文件,用以保证标识的唯一性。每个资源文件都有其名称、大小和存储路径,前者数据类型为 VARCHAR,长度在 20 个字符内,后两者数据类型均为 TEXT,前者长度均为 10,后者长度为 45。

实习文件 ID 是每一个上传的实习文件的唯一标识的代号,该代号由 6 个字符组成,形如:EX1001,其中前两个字符表示文件为实习文件,第三位标识文件的重要性,1 代表重要,0 代表不重要,末三位为从 001 开始的顺序编号,是按上传顺序分别赋予每个实习文件,用以保证标识的唯一性。每个实习文件都有名称及其详细描述,类型与资源文件一致。

实习主题 ID 是每一个实习主题的唯一标识的代号,该代号由 6 个字符组成,形如:ZT3001,其中前两个字符表示该文件为实习主题文件,第三位标识该主题由几条线路组成,末三位为从 001 开始的顺序编号,是由规划顺序分别赋予每个实习主题,用以保证标识的唯一性。每个实习主题都有名称及其详细描述,类型与实习文件一致。

车牌号是每一辆实习通勤班车的唯一标识的代号,该代号由 4 个字符组成,形如:A001,其中第一个字符表示班车最大容量,A 代表小型班车、B 代表中型班车、C 代表大型班车,末三位为从 001 开始的顺序编号,是由购买顺序分别赋予每辆班车,用以保证标识的唯一性。每辆班车都有其唯一的司机姓名(这里假定司机不重名),数据类型为 VARCHAR,长度为 10。每辆班车上都有其司机的联系电话,班车运行时长,电话号码数据类型为 CHAR,长度为 11 个数字字符,班车车牌号数据类型为 CHAR,长度为 4。

3.1.3 系统结构图

系统结构图如图 2.3.1 所示。

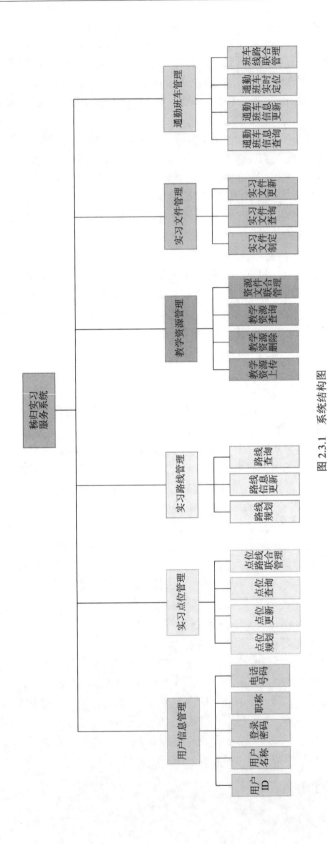

图 2.3.1 系统结构图

3.1.4 数据字典

数据字典通常包含数据项、数据结构、数据流、数据存储和处理过程 5 个部分,数据项是数据的最小组成单位,若干个数据项可以组成一个数据结构,数据字典可以通过对数据项和数据结构的定义来描述数据流、数据存储的逻辑内容。

1) 数据项

数据项是不可再分的数据单位,根据数据项描述的一般规范(数据项描述={数据项名、数据项含义说明、别名、数据类型、长度、取值范围、取值含义、与其他数据项的逻辑关系、数据项之间的联系})得出以下数据项表格,总共有 30 个数据项生成(表 2.3.1)。

表 2.3.1 数据项

编号	数据项	别名	类型	长度	取值范围	取值含义	与其他数据项的逻辑关系	数据项之间的联系
1	Uid	用户 ID	CHAR()	9	200001001~202324999	唯一标识的用户 ID	与 password、Uname、Utitle、Uphone 等数据项是一对一的关系	Uid 是用户表的主键,也是其他表的外键
2	password	密码	VARCHAR()	25	25 个以内的合法字符	用户登录密码	与 Uid 是一对一的关系	Password 是用户表的属性
3	Uname	用户名称	VARCHAR()	25	任意合法字符	用户创建时设置的用户名	与 Uid 是一对一的关系	Uname 是用户表的属性
4	Utitle	用户职称	VARCHAR()	10	任意合法字符	教师的职称	与 Uid 是一对一的关系	Utitle 是用户表的属性
5	Uphone	电话号码	CHAR()	11	00000000000~99999999999	教师绑定的电话号码	与 Uid 是一对一的关系	Uphone 是用户表的属性
6	deleted	注销标记	INT()	1	0~1	表示用户是否被注销		
7	Pid	实习点位 ID	CHAR()	6	DD0001~DD9999	唯一标识点位的 ID	与 Pname、Pdesc、Ploc 等数据项是一对一的关系	Pid 是实习点位表的主键,也是其他表的外键
8	Pname	实习点位名称	VARCHAR()	20	任意合法字符	点位的名称	与 Pid 是一对一的关系	Pname 是点位表的属性

续表 2.3.1

编号	数据项	别名	类型	长度	取值范围	取值含义	与其他数据项的逻辑关系	数据项之间的联系
9	Pdesc	实习点位描述	TEXT()	45	任意合法字符	关于实习点位的详细描述	与 Pid 是一对一的关系	Pdesc 是点位表的属性
10	Ploc	点位位置	GEOMETRY (POINT,4326)		合理的经纬度坐标	点位的位置信息	与 Pid 是一对一的关系	Ploc 是点位表的属性
11	Lid	实习线路 ID	CHAR()	6	001001～239999	标识实习线路的 ID	与 Lname、Ldesc、Lshp 等数据项是一对一的关系	Lid 是实习线路表的主键，也是其他表的外键
12	Lname	实习线路名称	VARCHAR()	20	任意合法字符	实习线路的名称	与 Lid 是一对一的关系	Lname 是线路表的属性
13	Ldesc	实习线路描述	TEXT()	45	任意合法字符	关于实习线路的详细描述	与 Lid 是一对一的关系	Ldesc 是点线路的属性
14	Lshp	实习线路形状	GEOMETRY (LINESTRING, 4326)		合理的线串表达式	实习线路的点位连线构成其几何形状	与 Lid 是一对一的关系	Lshp 是线路的属性
15	Rid	教学资源 ID	CHAR()	4	M001～V999	标识资源文件 ID	与 Rname、Rsize、Rpath 等数据项是一对一的关系	Rid 是教学资源表的主键，也是其他表的外键
16	Rname	资源文件名称	VARCHAR()	20	任意合法字符	资源文件的名称	与 Rid 是一对一的关系	Rname 是教学资源表的属性
17	Rsize	资源文件大小	TEXT()	—	1～1024GB	存储资源文件所需硬盘容量	与 Rid 是一对一的关系	Rsize 是教学资源表的属性
18	Rpath	资源存储路径	TEXT()	—	合法的物理存储地址	资源文件所存硬盘的地址	与 Rid 是一对一的关系	Rpath 是教学资源表的属性
19	Fid	实习文件 ID	CHAR()	6	EX0001～EX1999	唯一标识文件的 ID	与 Fname、Floc、Fdesc 等数据项是一对一的关系	Fid 是实习文件表的主键，也是其他表的外键

续表 2.3.1

编号	数据项	别名	类型	长度	取值范围	取值含义	与其他数据项的逻辑关系	数据项之间的联系
20	Fname	实习文件名称	VARCHAR()	20	任意合法字符	实习文件的名称	与 Fid 是一对一的关系	Fname 是实习文件表的属性
21	Floc	实习文件存储路径	TEXT()	—	合法的物理存储地址	实习文件所存硬盘的地址	与 Fid 是一对一的关系	Floc 是实习文件表的属性
22	Fdesc	实习文件描述	TEXT()	—	任意合法字符	关于实习文件的详细描述	与 Fid 是一对一的关系	Fdesc 是实习文件表的属性
23	Tid	实习主题 ID	CHAR()	6	ZT1001 ~ ZT9999	唯一标识实习主题的 ID	与 Tname、Tdesc 数据项是一对一的关系	Tid 是实习主题表的主键，也是其他表的外键
24	Tname	实习主题名称	VARCHAR()	20	任意合法字符	实习主题的名称	与 Tid 是一对一的关系	Tname 是实习主题表的属性
25	Tdesc	实习主题描述	TEXT()	—	任意合法字符	关于实习新主题的详细描述	与 Tid 是一对一的关系	Tdesc 是实习主题表的属性
26	Lastlogin	上次登录时间	TIMESTAMP		合法的时间格式	记录用户上次登录时间		
27	Bnum	班车车牌号	CHAR()	4	A001 ~ C999	唯一标识班车的车牌号	与 BDname、Bdphone、Btime 数据项是一对一的关系	Bnum 是实习主题表的主键，也是其他表的外键
28	BDname	班车司机姓名	VARCHAR()	10	任意合法字符	班车司机的姓名	与 Bnum 是一对一的关系	BDname 是通勤班车表的属性
29	BDphone	班车司机联系电话	CHAR()	11	00000000000 ~ 99999999999	班车司机的联系电话	与 Bnum 是一对一的关系	BDphone 是通勤班车表的属性
30	Btime	班车运行时长	TIME	4	合法的时间格式	班车从购买后的运作时间	与 Bnum 是一对一的关系	Btime 是通勤班车表的属性

2) 数据结构

数据结构反映了数据之间的组合关系，一个数据结构可以由若干个数据项组成，也可以由若干个数据结构组成，或由若干个数据项和数据结构混合组成。根据数据结构描述的一般规范(数据结构描述={数据结构名、含义说明、组成数据项：{数据项或数据结构}})，生成了12个数据结构：用户、实习点位、实习线路、点位线路、教学资源、实习文件、文件资源、实习主题、主题路线、主题文件、通勤班车、教师班车(表2.3.2)。

表 2.3.2　数据结构

编号	数据结构名称	数据结构含义	结构组成
1	用户	使用系统的教师基本信息、身份和其他相关属性集合，一个教师对应可申请一个用户	用户ID、密码、上次登录时间、名称、职称、手机号
2	实习点位	实习地点的基本信息	实习点位ID、名称、描述、地理位置
3	实习线路	开展实习线路的基本信息	实习线路ID、名称、路线描述、路线几何形状
4	点位线路	用来存储点位、线路之间多对多关系产生的信息集合	实习线路ID、实习点位ID、规划人ID、规划时间
5	教学资源	教师开展实习所参考的文字、图片视频等资源的基本信息	资源ID、资源名称、资源大小、存储路径
6	实习文件	教师开展实习过程所需要的基本信息之集合	实习文件ID、名称、存储路径、描述
7	文件资源	用来存储实习文件、教学资源之间多对多关系产生的信息集合	资源ID、实习文件ID、资源上传时间、创建人ID
8	实习主题	关于教师开展的实习主题的基本信息	主题ID、名称、主题描述
9	主题路线	用来存储实习主题、实习路线之间多对多关系产生的信息集合	实习主题ID、实习线路ID、确定时间、选取人ID
10	主题文件	用来存储实习主题、实习文件之间多对多关系产生的信息集合	实习主题ID、实习文件ID、文件选定时间
11	通勤班车	关于实习通勤班车的基本信息	班车车牌号、司机姓名、联系电话、运作时长
12	教师班车	用来存储实习班车、教师之间多对多关系产生的信息集合	班车车牌号、用户ID、乘坐时间

3)数据流

数据流是数据结构在系统内传输的路径,根据数据流描述的一般规范(数据流描述={数据流名、说明、数据流量来源、数据流去向、组成:{数据结构}、平均流量、高峰期流量})生成数据流;"数据流来源"是说明该数据流来自哪个过程;"数据流去向"是说明该数据流将到哪个过程去;"平均流量"是指在单位时间里的传输次数;"高峰期流量"则是指在高峰期的数据流量(表2.3.3)。

表2.3.3 数据流

编号	数据流名	数据流来源	数据流去向	平均流量(次/天)	高峰期流量(次/天)
1	用户登录	教师登录	登录日志	100	1000
2	用户密码修改	旧密码、用户输入新密码	密码库更新日志	20	50
3	用户名称修改	新名称	更新日志	30	50
4	新用户注册	教师注册	用户信息库	50	100
5	实习点位查询	点位信息库	教师	100	500
6	实习线路查询	线路信息库	教师	100	500
7	初始点位导入	教师或其他志愿者	点位信息库	50	1000
8	初始线路导入	教师或其他志愿者	线路信息库	50	1000
9	线路更改	教师	线路更改日志	20	100
10	点位更改	教师	点位更改日志	20	100
11	教学资源查询	教学资源库	教师	50	200
12	实习文件查询	实习文件信息库	教师	60	300
13	教学资源上传	教师或志愿者	教学资源库	50	500
14	实习文件初始化	教学资源库	实习文件信息库	20	100
15	实习文件更改	教师	实习文件库	10	50
16	实习主题查询	教师	实习主题信息库	50	300
17	实习主题打造	教师与学生建议	主题更新日志	10	50
18	实习主题更改	教师	主题更新日志	10	30
19	教师备课	教师	资源文件	50	100
20	线路临时更换	野外突发情况	线路更改日志	50	200
21	班车信息查询	教师	班车信息库	30	60
22	班车信息更改	教师	班车信息更改日志	10	30

4)数据存储

数据存储是数据结构停留或保存的地方,也是数据流的来源和去向之一。它可以是手工文档或手工凭单,也可以是计算机文档(表2.3.4)。

表 2.3.4 数据存储

编号	数据存储名	说明	输入的数据流	输出的数据流	数据量	存取频度(次/天)	存取方式
1	账号密码信息	用于存储用户账号密码的登录信息	用户ID、密码	登录日志	较大	600	验证
2	用户信息	用于存储用户系统中的基本信息	查询条件	符合条件的用户信息	较大	500	检索
3	用户信息	用于存储用户系统中的基本信息	需要更新的信息	更新后的用户信息	中等	100	更新
4	点位信息	用于储存实习点位相关信息	查询条件	符合条件的点位信息	较大	300	检索
5	点位信息	用于储存点位相关信息	变更的点位信息	更新后的点位信息	中等	100	更新
6	线路信息	用于存储线路相关信息	查询条件	符合条件的线路信息	中等	150	检索
7	线路信息	用于存储线路相关信息	变更的线路信息	更新后的线路信息	较小	50	更新
8	资源信息	用于存储教学相关信息	查询条件	符合条件的资源信息	中等	150	检索
9	实习文件信息	用于存储教学相关信息	查询条件	符合条件的实习文件信息	中等	100	检索
10	实习主题信息	用于存储实习主题相关信息	查询条件	符合条件的实习主题信息	中等	150	检索
11	实习主题线路信息	用于存储实习主题与线路关系相关信息	实习主题与需更改的线路	更新后的主题与线路关系信息	较小	30	更新
12	班车信息	用于存储通勤班车调度信息	查询条件	符合条件的班车调度信息	中等	100	检索

5)处理过程

处理过程如表 2.3.5 所示。

表 2.3.5 处理过程

序号	处理过程名	输入数据流	输出数据流
1	用户信息检索	检索条件	与条件相符合用户信息
2	修改密码	旧密码、新密码	密码数据库更新日志
3	用户信息初始化	初始化信息	用户信息更新日志
4	用户信息更改	需更改的信息	用户信息更新日志
5	用户注销	待注销的用户信息	用户信息删除日志

3.1.5 数据流图

1)一级数据流图

秭归实习服务系统总数据流图如图 2.3.2 所示。

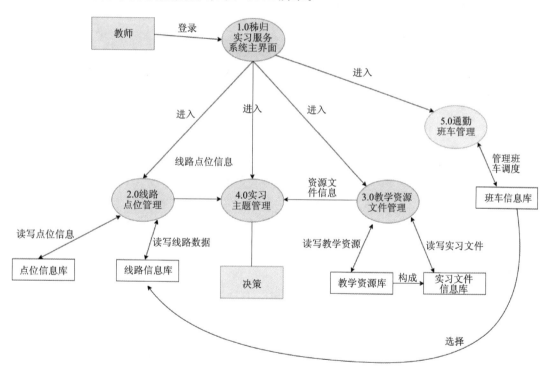

图 2.3.2 秭归实习服务系统顶层数据流图

2) 二级数据流图
(1) 用户登录主界面分数据流图如图 2.3.3 所示。

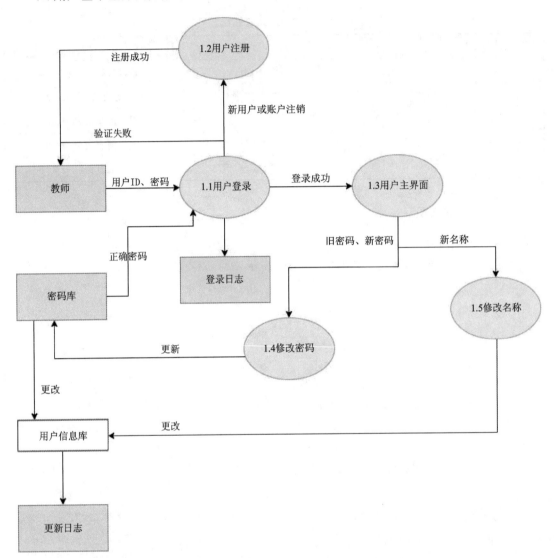

图 2.3.3　二级数据流图(用户登录主界面)

(2) 点位线路管理分数据流图如图 2.3.4 所示。

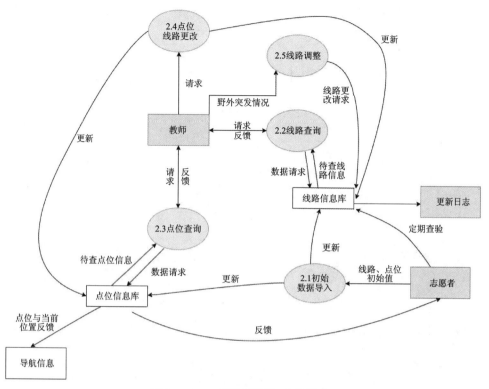

图 2.3.4　二级数据流图(点位线路)

(3) 教学资源文件管理分数据流图如图 2.3.5 所示。

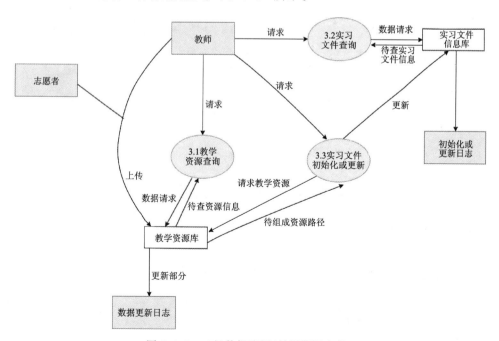

图 2.3.5　二级数据流图(教学资源文件)

(4)实习主题管理分数据流图如图 2.3.6 所示。

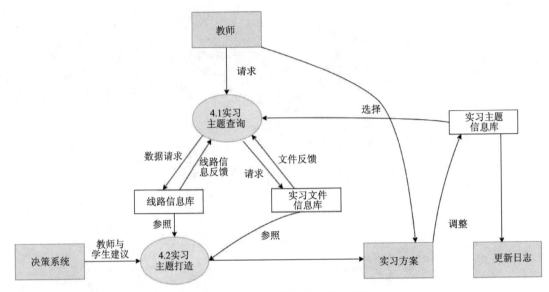

图 2.3.6　二级数据流图(实习主题)

(5)通勤班车管理分数据流图如图 2.3.7 所示。

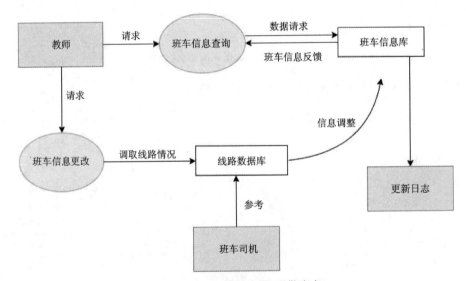

图 2.3.7　二级数据流图(通勤班车)

3.2　概念设计

3.2.1　分 E-R 图

(1)用户实体分 E-R 图如图 2.3.8 所示。

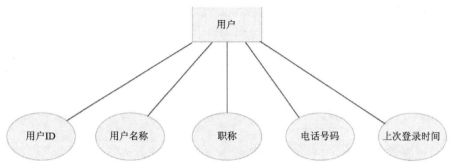

图 2.3.8　用户实体分 E-R 图

(2)实习点位分 E-R 图如图 2.3.9 所示。

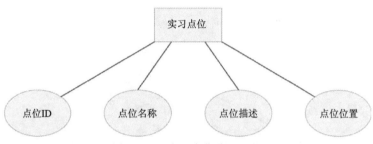

图 2.3.9　实习点位分 E-R 图

(3)实习路线分 E-R 图如图 2.3.10 所示。

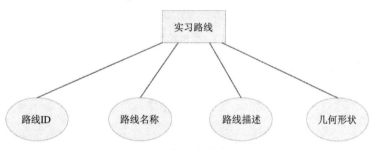

图 2.3.10　实习路线分 E-R 图

(4)教学资源分 E-R 图如图 2.3.11 所示。

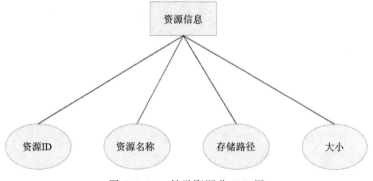

图 2.3.11　教学资源分 E-R 图

(5)实习文件分 E-R 图如图 2.3.12 所示。

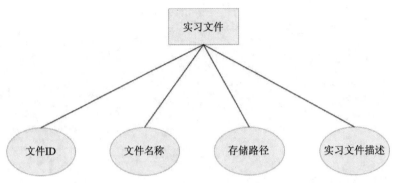

图 2.3.12　实习文件分 E-R 图

(6)通勤班车分 E-R 图如图 2.3.13 所示。

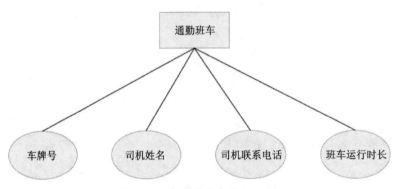

图 2.3.13　通勤班车分 E-R 图

(7)实习主题分 E-R 图如图 2.3.14 所示。

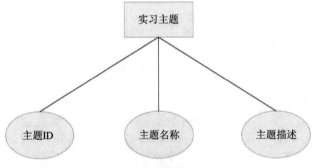

图 2.3.14　实习主题分 E-R 图

3.2.2 局部 E-R 图

(1)实习主题-路线-点位实体局部 E-R 图如图 2.3.15 所示。

图 2.3.15　实习主题-路线-点位实体局部 E-R 图

(2)教学资源-文件实体局部 E-R 图如图 2.3.16 所示。

图 2.3.16　教学资源-文件实体局部 E-R 图

(3)用户-资源实体局部 E-R 图如图 2.3.17 所示。

图 2.3.17　用户-资源实体局部 E-R 图

(4)用户-点位实体局部 E-R 图如图 2.3.18 所示。

图 2.3.18　用户-点位实体局部 E-R 图

(5)通勤班车-路线实体局部 E-R 图如图 2.3.19 所示。

图 2.3.19　通勤班车-路线实体局部 E-R 图

3.2.3 总 E-R 图

优化后的总 E-R 图如图 2.3.20 所示。

各分 E-R 图中不存在属性冲突与结构冲突。在实习主题与实习线路多对多关系产生的选取人 ID 属性为外码,参照属性为用户实体的用户 ID,故两者不存在命名冲突,分 E-R 图合并后形成初步总 E-R 图,消除冗余之后最终形成的总 E-R 图如图 2.3.20 所示。

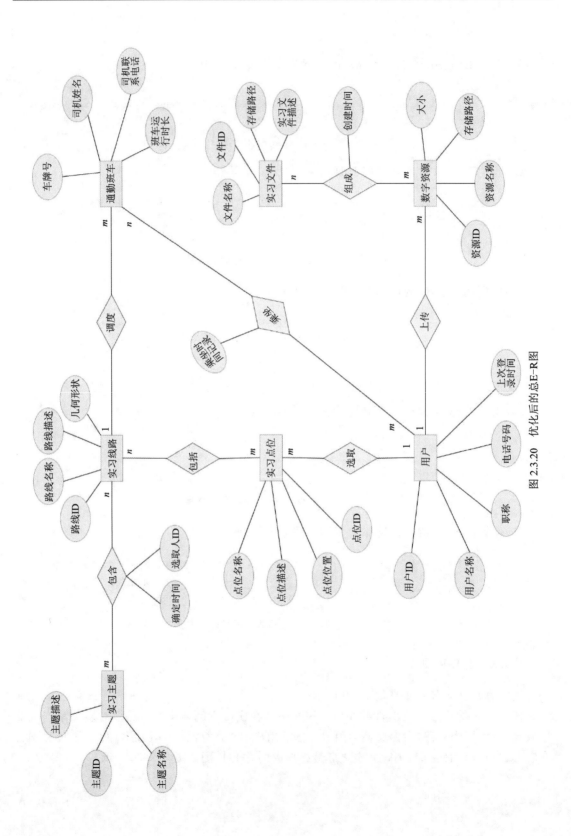

图 2.3.20 优化后的总 E-R 图

3.3 逻辑结构设计

3.3.1 E-R图向关系模型的转换

1)实体间的联系分析

用户实体与通勤班车实体之间存在着多对多的关系。每一位教师可以乘坐不同的通勤班车前往实习地点,每一辆班车也可以承载多名教师,这两个实体之间用乘坐时间的记录来联系,用户ID和通勤班车车牌号作为该关系的主码。

教学资源与实习文件之间存在着多对多的关系。每一个被上传的教学资源可以被包含在不同的实习文件中,每一个实习文件也可以包含不同的教学资源,由于某一实习文件是在教学资源上传后才创建的,所以这两个实体可以用创建时间来联系,资源ID与实习文件ID组成该关系的主码。

实习点位与实习线路之间存在着多对多的关系。每一个被确定的实习点位可以被包含在不同的实习线路中,每一个实习线路也由多个不同的点位组成,即不同实习线路在空间上可能存在交点,这两个实体用规划时间来联系,实习点位ID与实习线路ID共同组成该关系模式的主码。

实习主题与实习线路之间存在着多对多的关系。每一个确定的实习主题可以包含多条实习线路,每一条线路可以被确定为不同的主题,这两个实体用确定时间和选取人ID来联系,实习主题ID与实习线路ID共同组成该关系模式的主码。

2)关系模式

将E-R图转换为关系模型实际上就是要将实体型、实体的属性和实体型之间的联系转换为关系模式,这种转换一般遵循如下原则。

(1)实体类型的转换。

①将每个实体类型转换成一个关系模式。

②实体的属性即为关系模式的属性。

③实体标识符即为关系模式的键。

(2)二元联系类型的转换。

①如果实体间联系是1:1,可以在两个实体类型转换成的两个关系模式中任意一个关系模式的属性中加入另一个关系模式的键和联系类型的属性。

②如果实体间联系是1:N,则在N端实体类型转换成的关系模式中加入1端实体类型的键和联系类型的属性。

③如果实体间联系是$M:N$,则将联系类型也转换成关系模式,其属性为两端实体类型的键加上联系类型的属性,而键为两端实体键的组合。

此外,对于3个或3个以上实体间的一个多元联系,其可以转换为一个关系模式。与该多元联系相连的各实体的码以及联系本身的属性均转换为关系的属性,各实体的码组成关系的码或关系码的一部分。

综上所述,可以将上述设计好的E-R图转换为以下关系模式:

用户(用户ID,用户名称,用户职称,电话号码,上次登录时间)。

该关系模式是用户实体对应的关系模式,是每一位实习教师创建的用户关系模式,该关系中无外码。该关系模式中用户 ID 可以唯一标识用户实体,因此用户 ID 作为该关系模式的主码。

实习点位(点位 ID,点位名称,点位描述,点位位置,选取用户 ID)。

该模式是实习点位实体对应的关系模式,由于每个点位均为实习教师选取,则其中用户与实习点位实体之间的 1∶N 的选取联系转换成了该关系模式中的选取用户 ID 属性,该属性作为实习点位关系模式的外码,参照关系为用户,被参照关系为实习点位。其中点位 ID 可以唯一标识实习点位,因此作为该关系模式的主码。

实习线路(路线 ID,路线名称,路线描述,路线几何形状)。

该关系模式是实习线路实体对应的关系模式,是每一线路创建时对应的关系模式,该关系中无外码。该关系模式中实习线路 ID 可以唯一标识实习线路实体,因此实习线路 ID 作为该关系模式的主码。

教学资源(资源 ID,资源名称,存储路径,存储空间大小,上传用户 ID)。

该模式是教学资源实体对应的关系模式,由于每个教学资源都由一位用户上传,则其中用户与教学资源实体之间的 1∶N 的选取联系转换成了该关系模式中的上传用户 ID 属性,该属性作为教学资源关系模式的外码,参照关系为用户,被参照关系为教学资源。其中资源 ID 可以唯一标识实习点位,因此作为该关系模式的主码。

实习文件(文件 ID,文件名称,存储路径,实习文件描述)。

该关系模式是实习文件实体对应的关系模式,是每一实习文件创建时对应的关系模式,每一个实习文件包含多个教学资源,该关系中无外码。该关系模式中实习文件 ID 可以唯一标识实习文件实体,因此实习文件 ID 作为该关系模式的主码。

实习主题(实习主题 ID,主题名称,主题描述)。

该关系模式是实习主题实体对应的关系模式,是每一实习主题确定时对应的关系模式,每一个实习主题包含多条实习线路,以便实习教师快速确定实习内容,该关系中无外码。该关系模式中实习文件 ID 可以唯一标识实习文件实体,因此实习主题 ID 作为该关系模式的主码。

通勤班车(车牌号,司机姓名,联系电话,班车运行时长,调度路线 ID)。

该模式是通勤实体对应的关系模式,由于每辆班车仅在一条线路上进行通勤,所以其中实习线路与通勤班车实体之间的 1∶N 的调度联系转换成了该关系模式中的通勤线路 ID 属性,该属性作为通勤班车关系模式的外码,参照关系为实习线路,被参照关系为通勤班车。其中车牌号可以唯一标识通勤班车实体,因此作为该关系模式的主码。

点位线路(线路 ID,点位 ID,规划人 ID,规划时间)。

该模式为实习线路与实习点位之间多对多联系产生的关系模式,其中线路 ID、点位 ID、规划人 ID 均为外码,实习线路、实习点位和用户作为参照关系,规划时间由点位何时被何人规划至某一线路内决定,因此线路 ID、点位 ID 共同组成该关系模式的主码。

资源文件(资源 ID,文件 ID,创建人 ID,资源上传时间)。

该模式为教学资源与实习文件之间多对多联系产生的关系模式,其中资源 ID、文件 ID、创建人 ID 均为外码,教学资源、实习文件和用户作为参照关系,资源上传时间由某一教学资源何时被何人上传至某一实习文件中决定,因此资源 ID、实习文件 ID 共同组成该关系模式的主码。

主题线路(<u>主题 ID</u>,<u>线路 ID</u>,选取人 ID,主题确定时间)。

该模式为实习主题与实习线路之间多对多联系产生的关系模式,其中线路 ID、主题 ID、选取人 ID 均为外码,实习主题、实习线路和用户作为参照关系,主题确定时间由线路何时被何人规划至某一实习主题内决定,因此主题 ID、线路 ID 共同组成该关系模式的主码。

通勤记录(<u>用户 ID</u>,<u>车牌号</u>,用户乘坐记录)。

该模式为用户与通勤班车之间多对多联系产生的关系模式,其中用户 ID、车牌号为外码,用户、通勤班车作为参照关系,用户每次乘坐班车都会在系统中留下相应的记录,用户 ID 与车牌号共同组成该关系模式的主码。

3.3.2 数据模型的优化

数据库逻辑设计的结果不是唯一的,为了进一步提高数据库应用系统的性能,还应该根据应用需求适当地调整、修改数据模型结构,这就是数据模型的优化。以下为关系数据模型的优化。

1)关系模式规范化

考虑总体关系模式中存在的依赖集 F={Uid→Uname,Uid→Utitle,Uid→Uphone,Uid→Lastlogin,Pid→Pname,Pid→Pdesc,Pid→Ploc,Pid→Uid,Lid→Lname,Lid→Ldesc,Lid→Lshp,Rid→Rname,Rid→Rpath,Rid→Rsize,Rid→Uid,Fid→Fname,Fid→Floc,Fid→desc,Tid→Tname,Tid→Tdesc,Bnum→BDname,Bnum→BDphone,Bnum→Btime,Bnum→Lid,BDphone→BDname},根据语义得出其主码为 Uid,Pid,Lid,Rid,Fid,Tid,Bnum,易知,存在属性对主码的部分依赖,例如,存在属性 Uname 对主码(Uid,Pid,Lid,Rid,Fid,Tid,Bnum)的部分依赖,为消除部分依赖,将其分为以下 11 个关系模式:User(Uid,Uname,Utitle,Uphone,Lastlogin);Point(Pid,Pname,Pdesc,Ploc,Uid);Line(Lid,Lname,Ldesc,Lshp);File(Fid,Fname,Floc,Fdesc);Resource(Rid,Rname,Rpath,Rsize,Uid);Theme(Tid,Tname,Tdesc);Bus(Bnum,BDname,BDphone,Btime,Lid);PL(Pid,Lid,Uid,Plantime);RF(Rid,Fid,Uid,Uploadtime);TL(Tid,Lid,Uid,Selectedtime);Commute(Uid,Bnum,Ulog)。

下面,对上述 11 个满足 2NF 的关系模式进行进一步优化。

(1)用户关系模型:存在依赖集 F={Uid→Uname,Uid→Utitle,Uid→Uphone,Uid→Lastlogin}。进行极小化处理,对于 Uid→Uname,令 G=F−{Uid→Uname},可知 Uid 在 G 依赖集下的闭包为{Utitle,Uphone,Lastlogin},其中不包含 Uname,因此 Uid→Uname 不能删去,同理考察 Uid→Utitle、Uid→Uphone、Uid→Lastlogin,发现这些依赖均不能删除。综上所述,F 即为该关系模式的最小依赖集。且在该关系模式中,Uname、Utitle、Uphone、Lastlogin 属性均完全依赖于主码 Uid,不存在部分依赖、传递依赖,因此满足 3NF。

(2)实习点位关系模型:存在依赖集 F={Pid→Pname,Pid→Pdesc,Pid→Ploc,Pid→Uid}。进行极小化处理,对于 Pid→Pname,令 G=F−{Pid→Pname},可知 Pid 在 G 依赖集下的闭包为{Pdesc,Ploc,Uid},其中不包含 Pname,因此 Pid→Pname 不能删去,同理考察 Pid→Pdesc,Pid→Ploc,Pid→Uid,发现这些依赖均不能删除。综上所述,F 即为该关系模式的最小依赖集。且在该关系模式中,Pname、Pdesc、Ploc、Uid 均完全依赖于主码 Pid,不存在部分依赖、传递依赖,因此满足 3NF。

(3)实习线路关系模型:存在依赖集 F={Lid→Lname,Lid→Ldesc,Lid→Lshp}。同理进

行极小化处理发现上述 3 个依赖均为最小函数依赖,因此 F 为该关系模式的最小函数依赖集。且在该关系模式中,Lname、Ldesc、Lshp 均完全依赖于主码 Lid,不存在部分依赖、传递依赖,因此满足 3NF。

(4)教学资源关系模型:存在依赖集 F={Rid→Rname,Rid→Rpath,Rid→Rsize,Rid→Uid}。同理进行极小化处理发现上述 4 个依赖均为最小函数依赖,不可删除,因此 F 为该关系模式的最小函数依赖集。且在该关系模式中,Rname、Rpath、Rsize、Uid 均完全依赖于主码 Rid,不存在部分依赖、传递依赖,因此满足 3NF。

(5)实习文件关系模型:存在依赖集 F={Fid→Fname,Fid→Floc,Fid→desc}。同理进行极小化处理发现上述 3 个依赖均为最小函数依赖,不可删除,因此 F 为该关系模式的最小函数依赖集。且在该关系模式中,Fname、Floc、Fdesc 均完全依赖于主码 Fid,不存在部分依赖、传递依赖,因此满足 3NF。

(6)实习主题关系模型:存在依赖集 F={Tid→Tname,Tid→Tdesc}。同理进行极小化处理发现上述两个依赖均为最小函数依赖,不可删除,因此 F 为该关系模式的最小函数依赖集。且在该关系模式中,Tname、Tdesc 均完全依赖于主码 Tid,不存在部分依赖、传递依赖,因此满足 3NF。

(7)通勤班车关系模型:存在依赖集 F={Bnum→BDname,Bnum→BDphone,Bnum→Btime,Bnum→Lid,BDphone→BDname}。进行极小化处理,考察 Bnum→BDname,令 G=F−{Bnum→BDname},发现 Bnum 在 G 依赖集下的闭包为{BDname,BDphone,Btime,Lid},其中包含 BDname,因此 Bnum→BDname 需要删去。同理考察 Pid→Pdesc、Pid→Ploc、Pid→Uid,发现这些依赖均不能删除。综上所述,令 Fm=F−{Bnum→BDname}={Bnum→BDphone,Bnum→Btime,Bnum→Lid,BDphone→BDname},Fm 为该关系模式的最小依赖集。根据规范化理论,该关系模式中存在传递依赖,Bnum→BDphone,BDphone→BDname,即 Bnum→BDname,因此该关系模式不满足 3NF。这里选择将该模式分解为 Bus(Bnum,BDphone,Btime,Lid),其中 Bnum 为主码;BD(BDphone,BDname),其中 BDphone 为主码。按照此方法分解的两个关系模式均满足非主属性对码的完全函数依赖,且传递依赖,因此两分解表均满足 3NF。

(8)点位线路关系模型:存在依赖集 F={(Pid,Lid)→Uid,(Pid,Lid)→Plantime}。进行极小化处理发现上述两个依赖均为最小函数依赖,不可删除,因此 F 为该关系模式的最小函数依赖集。且在该关系模式中,Uid、Plantime 均完全依赖于主码(Pid,Lid),不存在部分依赖、传递依赖,因此满足 3NF。

(9)资源文件关系模型:存在依赖集 F={(Rid,Fid)→Uid,(Rid,Fid)→Uploadtime}。进行极小化处理发现上述两个依赖均为最小函数依赖,不可删除,因此 F 为该关系模式的最小函数依赖集。且在该关系模式中,Uid、Uploadtime 均完全依赖于主码(Rid,Fid),不存在部分依赖、传递依赖,因此满足 3NF。

(10)主题路线关系模型:存在依赖集 F={(Tid,Lid)→Uid,(Tid,Lid)→Selectedtime}。进行极小化处理发现上述两个依赖均为最小函数依赖,不可删除,因此 F 为该关系模式的最小函数依赖集。且在该关系模式中,Uid、Selectedtime 均完全依赖于主码(Tid,Lid),不存在部分依赖、传递依赖,因此满足 3NF。

(11)通勤记录关系模型:存在依赖集 F={(Uid,Bnum)→Ulog}。在该关系模式中,Ulog

必完全依赖于主码(Uid,Bnum),不存在部分依赖、传递依赖,因此满足 3NF。

2)关系模式的分析

按照需求分析阶段得到的处理要求,对于这样的应用环境,这些模式应该都要达到第三范式。

因此,最终生成了 11 个符合第三范式的基本关系,用户、实习点位、实习线路、教学资源、实习文件、实习主题、通勤班车、点位线路、资源文件、主题线路、通勤记录。

(1)用户(<u>用户 ID</u>,用户名称,用户职称,电话号码,上次登录时间)。

代码表示:User(<u>Uid</u>,Uname,Utitle,Uphone,Lastlogin)。

(2)实习点位(<u>点位 ID</u>,点位名称,点位描述,点位位置,选取用户 ID)。

代码表示:Point(<u>Pid</u>,Pname,Pdesc,Ploc,Uid)。

(3)实习线路(<u>路线 ID</u>,路线名称,路线描述,路线几何形状)。

代码表示:Line(<u>Lid</u>,Lname,Ldesc,Lshp)。

(4)教学资源(<u>资源 ID</u>,资源名称,存储路径,存储空间大小,上传用户 ID)。

代码表示:Resource(<u>Rid</u>,Rname,Rpath,Rsize,Uid)。

(5)实习文件(<u>文件 ID</u>,文件名称,存储路径,实习文件描述)。

代码表示:File(<u>Fid</u>,Fname,Floc,Fdesc)。

(6)实习主题(<u>实习主题 ID</u>,主题名称,主题描述)。

代码表示:Theme(<u>Tid</u>,Tname,Tdesc)。

(7)通勤班车(<u>车牌号</u>,司机姓名,联系电话,班车运行时长,调度路线 ID)。

代码表示:Bus(<u>Bnum</u>,BDname,BDphone,Btime,Lid)。

(8)点位线路(<u>线路 ID</u>,<u>点位 ID</u>,规划人 ID,规划时间)。

代码表示:PL(<u>Pid</u>,<u>Lid</u>,Uid,Plantime)。

(9)资源文件(<u>资源 ID</u>,<u>文件 ID</u>,创建人 ID,资源上传时间)。

代码表示:RF(<u>Rid</u>,<u>Fid</u>,Uid,Uploadtime)。

(10)主题线路(<u>主题 ID</u>,<u>线路 ID</u>,选取人 ID,主题确定时间)。

代码表示:TL(<u>Tid</u>,<u>Lid</u>,Uid,Selectedtime)。

(11)通勤记录(<u>用户 ID</u>,<u>车牌号</u>,用户乘坐记录)。

代码表示:Commute(<u>Uid</u>,<u>Bnum</u>,Ulog)。

3.3.3 设计用户子模式

定义数据库全局模式主要是从系统的时间效率、空间效率、易维护等角度出发,在定义用户外模式时,可以着重考虑用户的习惯和需求。

(1)使用更符合用户习惯的别名。

(2)可以对不同级别的用户定义不同的视图,以保证系统的安全性。

(3)简化用户对系统的使用。

根据需求分析中的要求能够进行用户基本信息、线路信息、点位信息、教学资源与实习文件等相关信息,由于这些信息较为重要,所以对其设计对应视图,以保证系统安全性,以下为 5 个视图的属性信息及 SQL 语句。

1)用户基本信息查询

CREATE

VIEW U_INFO AS

SELECT

    a.Uid,

    a.Uname,

    a.Utitle,

    a.Uphone

FROM User a;

2)查询某条线路的线路信息,以及包含的点位与点位描述的视图

CREATE

VIEW PL_INFO AS

SELECT

    p.Pname,

    p.Pdesc,

    l.Lname,

    l.Ldesc

FROM PL pl

JOIN Line l ON l.Lid=pl.Lid

JOIN Point p ON p.Pid=pl.pid;

3)查询教学资源与实习文件的名称、存储位置和描述等信息的视图

CREATE

VIEW RF_INFO AS

SELECT

    f.Fname,

    f.Floc,

    f.Fdesc,

    r.Rname,

    r.Rpath,

    r.Rsize

FROM RF rf

JOIN Resource r ON rf.Rid=r.Rid

JOIN File f ON rf.FileID=f.FileID;

4)查询实习主题、路线和创建人的相关信息的视图

CREATE

VIEW TL_INFO AS

SELECT

    t.Tname,

    t.Tdesc,

    l.Lname,

    l.Ldesc,

    l.Lshp,

```
tl.Uid
FROM TL tl
JOIN Line l ON l.Lid=tl.Lid
JOIN Theme t ON t.Tid=tl.Tid;
```

5) 查询教师通勤记录的相关信息的视图

```
CREATE
VIEW Commute_INFO AS
SELECT
c.Ulog,
a.Uname,
a.Utitle,
a.Uphone,
b.BDname,
b.BDphone,
b.Lid
FROM Commute c
JOIN User a On a.Uid=c.Lid
JOIN Bus b ON b.Bnum=c.Bnum;
```

3.4 物理设计

3.4.1 物理存取结构(数据库/数据库表)设计、基本表及 SQL 语句

下面利用 SQL 语句建立秭归实习系统的 12 张表：

```
/*建立用户信息表*/
CREATE TABLE User (
    Uid CHAR(9) PRIMARY KEY,
    Uname VARCHAR(25),
    Utitle VARCHAR(10),
    Uphone CHAR(11) NOT NULL,
    Lastlogin TIMESTAMP
);
/*建立实习点位表*/
CREATE TABLE Point (
    Pid CHAR(6) PRIMARY KEY,
    Pname VARCHAR(20),
    Pdesc TEXT,
    Ploc GEOMETRY(Point,4326),
    Uid CHAR(9) NOT NULL,
    FOREIGN KEY (Uid) REFERENCES User(Uid)
);
/*建立实习线路表*/
CREATE TABLE Line (
```

```sql
    Lid CHAR(6) PRIMARY KEY,
    Lname VARCHAR(20),
    Ldesc TEXT,
    Lshp GEOMETRY(LineString,4326)
);
/*建立教学资源表*/
CREATE TABLE Resource (
    Rid CHAR(4) PRIMARY KEY,
    Rname VARCHAR(20),
    Rpath TEXT,
    Rsize TEXT,
    Uid CHAR(9) NOT NULL,
    FOREIGN KEY (Uid) REFERENCES User(Uid)
);
/*建立实习文件表*/
CREATE TABLE File (
    Fid CHAR(6) PRIMARY KEY,
    Fname VARCHAR(20),
    Floc TEXT,
    Fdesc TEXT
);
/*建立实习主题表*/
CREATE TABLE Theme (
    Tid CHAR(6) PRIMARY KEY,
    Tname VARCHAR(20),
    Tdesc TEXT
);
/*建立通勤班车表*/
CREATE TABLE Bus (
    Bnum CHAR(4) PRIMARY KEY,
    BDphone CHAR(11) NOT NULL,
    Btime TIME,
    Lid CHAR(6),
    FOREIGN KEY (Lid) REFERENCES Line(Lid)
);
/*建立点位线路表*/
CREATE TABLE PL (
    Pid CHAR(6) NOT NULL,
    Lid CHAR(6) NOT NULL,
    Uid CHAR(11) NOT NULL,
    Plantime TIMESTAMP,
    PRIMARY KEY (Pid,Lid),
    FOREIGN KEY (Pid) REFERENCES Point(Pid),
```

```sql
    FOREIGN KEY (Lid) REFERENCES Line(Lid),
    FOREIGN KEY (Uid) REFERENCES User(Uid)
);
/*建立资源文件表*/
CREATE TABLE RF (
    Rid CHAR(4) NOT NULL,
    Fid CHAR(6) NOT NULL,
    Uid CHAR(11) NOT NULL,
    Uploadtime TIMESTAMP,
    PRIMARY KEY (Rid,Fid),
    FOREIGN KEY (Rid) REFERENCES Resource(Rid),
    FOREIGN KEY (Fid) REFERENCES File(Fid),
    FOREIGN KEY (Uid) REFERENCES User(Uid)
);
/*建立主题路线表*/
CREATE TABLE TL (
    Tid CHAR(6) NOT NULL,
    Lid CHAR(6) NOT NULL,
    Uid CHAR(11) NOT NULL,
    Selectedtime TIMESTAMP,
    PRIMARY KEY (Tid,Lid),
    FOREIGN KEY (Tid) REFERENCES Theme(Tid),
    FOREIGN KEY (Lid) REFERENCES Line(Lid),
    FOREIGN KEY (Uid) REFERENCES User(Uid)
);
/*建立通勤路线表*/
CREATE TABLE Commute (
    Uid INT NOT NULL,
    Bnum INT NOT NULL,
    Ulog TEXT,
    PRIMARY KEY (Uid,Bnum),
    FOREIGN KEY (Uid) REFERENCES User(Uid),
    FOREIGN KEY (Bnum) REFERENCES Bus(Bnum)
);
/*建立司机信息表*/
CREATE TABLE Driver (
    BDphone CHAR(11) PRIMARY KEY,
    BDname VARCHAR(10),
    FOREIGN KEY (BDphone) REFERENCES Bus(BDphone)
););
```

3.4.2 增、删、改、查操作及 SQL 语句

秭归实习服务系统面向开展实习教学的教师,可能涉及的查询语句如下。

(1)查询某教师所有信息的语句(以用户 ID 为 202101010 为例):
```
SELECT *
FROM User
WHERE Uid='202101010';
```
(2)基于创建的视图 PL_INFO,查询某实习线路包含的所有点位信息的语句(以线路 ID 为 214002 为例):
```
SELECT Pname,Pdesc
FROM PL_INFO
WHERE Lid='214002';
```
(3)查询某教师上传所有的点位信息的语句(以用户 ID 为 202101010 为例):
```
SELECT Pid,Pname,Pdesc
FROM Point
WHERE Uid='202101010';
```
(4)查询上传某教学资源的教师姓名和职称的语句(以资源 ID 为 V001 为例):
```
SELECT Uname,Utitle
FROM User,Resource
WHERE User.Uid=Resource.Uid AND
    Resource.Rid='V001';
```
(5)基于创建的视图 Commute_INFO,查询某教师通勤的相关信息的语句(以用户 ID 为 202211023 为例):
```
SELECT Ulog,Uname,Utitle,BDname,Lid
FROM Commute_INFO
WHERE Uid='202211023';
```
(6)基于创建的视图 TL_INFO 和表 TL,查询某实习主题包含的所有线路信息以及主题确定时间的语句(以实习主题 ID 为 ZT4002 为例):
```
SELECT Tname,Lname,Ldesc,Lshp,TL.Selectedtime
FROM TL_INFO,TL
WHERE TL_INFO.Tid=TL.Tid AND
TL.Tid=' ZT4002';
```

3.5 系统实施与系统维护

3.5.1 DBMS & 开发语言的选择

(1)数据库选择的是 MySQL。
(2)开发语言选择的是 C++。
(3)使用 Qt C++与嵌入式 SQL 系统开发该数据库系统。

3.5.2 数据的载入

1)用户信息表(User)载入

用户信息表如图 2.3.21 所示。

UserName	LastLoginTime	EmployeeID	Title	PhoneNumber
Liang Liuxian	2023-06-06 15:52	201803842540	教授	13654905425
Geng Rong	2023-06-05 13:03	201617196486	讲师	15003559684
Zou Wuhan	2022-09-12 18:36	201119151314	教授	19864025511
Xuan Xinyue	2023-03-25 10:06	200901871946	副教授	18349347309
Lai Ah	2022-04-04 08:53	201109374492	教授	14731774290
Lang Ming	2022-11-23 00:40	201913479855	教授	17889327445
Yao Lingxin	2023-02-07 06:32	201819621996	助教	15107514609
Qiu Xinya	2023-06-05 09:40	201311237572	讲师	17286915603
Zhuan Da	2022-04-10 04:00	201602132619	讲师	19812752944
Han Fen	2023-06-05 12:59	201613901713	副教授	19818104819
Huang Zhelan	2023-03-15 05:48	201101623311	讲师	13811133799
Tao Da	2023-06-05 13:01	201017930044	助教	15901565930
Han Zheng	2022-06-20 05:00	201807858578	助教	15881566837
Wu Lin	2022-10-26 00:59	201901320180	助教	18272184893
Du Xinya	2023-04-25 06:14	201602425746	讲师	13655534278
Liu Feng	2022-11-18 03:36	201307758103	讲师	15801946416
Teng Xiuying	2022-11-07 22:54	201201263677	副教授	13588656557
Ma Jia	2023-03-13 22:18	200902750557	教授	15095745722
Xiong Hanyin	2022-07-15 03:36	201914615757	副教授	13630507723
Geng Mu	2022-04-18 01:56	201505335790	副教授	13827729953

图 2.3.21　用户信息表

2)实习点位表(Point)载入

实习点位表如图 2.3.22 所示。

PointID	PointName	PointDesc	Location
1	银杏坨码头	(Null)	POINT(110.96 30.86)
2	采石场	(Null)	POINT(110.96 30.85)
3	高家溪石板桥	(Null)	POINT(111.019 30.773)
4	古夷平面	(Null)	POINT(111.031 30.78)
5	棺材岩	(Null)	POINT(111.038 30.78)
6	和尚洞	(Null)	POINT(111.047 30.786)
7	九龙湾	(Null)	POINT(111.055 30.804)
8	坛子岭	长江三峡工程坛子岭旅游区	POINT(111.019 30.835)
9	185观景点	185观景点位于三峡大坝	POINT(111.011 30.837)
10	三峡截流纪念园	三峡截流纪念园是以三峡工	POINT(111.025 30.833)
11	新滩滑坡遗址观察点	(Null)	POINT(110.798 30.933)
12	九畹溪大桥	(Null)	POINT(110.84 30.88)
13	金矿矿渣堆	该金矿处于侵入岩体中的石	POINT(110.937 30.792)
14	尾矿库	尾矿库始建于1987年,属金	POINT(110.945 30.795)
15	茅坪镇陈家坝村	(Null)	POINT(110.959 30.78)
16	三峡竹海五叠泉处	(Null)	POINT(110.936 30.75)
17	屈原故里景区	屈原故里景区有三大园区,6	POINT(110.98 30.827)
18	郭家坝烟灯堡柑橘示范园	(Null)	POINT(110.745 30.922)
19	校园岩石园	(Null)	POINT(110.965 30.834)
20	综合楼标本室	(Null)	POINT(110.965 30.834)

图 2.3.22　实习点位表

3)实习线路表(Line)载入

实习线路表如图 2.3.23 所示。

RouteID	RouteName	RouteDesc	RouteGeometry
31	翻坝物流产业园与银杏沱	(Null)	LINESTRING(110.96 30.86,
32	三峡地区前寒武地层的观	(Null)	LINESTRING(111.019 30.7
33	三峡大坝水资源开发及坝	(Null)	LINESTRING(111.019 30.8
34	链子崖地质灾害及古生物	(Null)	LINESTRING(110.798 30.9
35	月亮包金矿资源开发利用	(Null)	LINESTRING(110.937 30.7
36	秭归实习基地岩石和地层	(Null)	LINESTRING(110.965 30.8
37	屈原故里传统文化综合调	(Null)	LINESTRING(110.965 30.8
38	郭家坝烟灯堡柑橘示范园	(Null)	LINESTRING(110.965 30.8
39	张家冲小流域水土保持与	(Null)	LINESTRING(110.965 30.8
40	三峡竹海峡谷地貌综合调	(Null)	LINESTRING(110.965 30.8

图 2.3.23　实习线路表

4）实习文件表（File）载入

实习文件表如图 2.3.24 所示。

ResourceID	ResourceName	ResourceDesc	Deleted
1	秭归实习宣讲	秭归实习动员大会相	0
2	实习地点介绍	关于实习地点的背景、	0

图 2.3.24　实习文件表

5）实习主题表（Theme）载入

实习主题表如图 2.3.25 所示。

ThemeID	ThemeName	ThemeDesc	CreationTime	Deleted
1	2022年测绘类学生秭归实	(Null)	2022-01-03 08:55:03	

图 2.3.25　实习主题表

6）点位线路表（PL）载入

点位线路表如图 2.3.26 所示。

UserID	RouteID	PositionID
1	31	1
5	31	3
14	31	2
19	31	4
28	31	3
1	32	4
6	32	3
21	32	3
33	32	1
1	33	2
2	33	1
5	33	2
8	33	3
11	33	4
17	33	3
31	33	3
1	34	1
3	34	2
4	34	3
6	34	3
13	34	2

图 2.3.26　点位线路表

7) 主题线路表(TL)载入

主题线路表如图 2.3.27 所示。

ThemeID	RouteID
1	31
1	32
1	33
1	34
1	35
1	36
1	37
1	38
1	39
1	40

图 2.3.27　主题线路表

8) 用户数据表载入

用户数据表如图 2.3.28 所示。

worker_id	password	role	crea
20080126493	*994108b0a244c83fedfd609189d92733c7bfebed	teacher	2023
20080352999	*cdd14a0dbde467e3bb750416861e9c91cda1bb43	teacher	2023
20080928328	*f6cde55216e1f57cf147a857775d9313b91db944	teacher	2023
20090187194	*d41606289ff2358f8ffacf62e574bcc991de9964	teacher	2023
20090275055	*c420084bf413bcb504f42b9e914ea839b5254f86	teacher	2023
20090819830	*14e76a31acdc0c7a1075b85dad00f2c115b18c8a	teacher	2023
20101793004	*d0cd23907c62c824767324a9d6fa7c594c4fb738	teacher	2023
20110162331	*623ab435e445d032bc390c248db5f273d03e887f	teacher	2023
20110863010	*69f457ee44c533ed59e56dc13549f63814bb8155	teacher	2023
20110937449	*369cd8ca426e3b3258ffbd8c40c686ecd7bc2cf7	teacher	2023
20111915131	*e23181810dd6be5cb4e96801714e17a9d162ba5c	teacher	2023
20120126367	*c77c49bb9fe3460fcdb14af54cec4f6ca13ed6f4	teacher	2023
20120357373	*23980ed8f5a89b6c182be2245df16adaf00298ee	teacher	2023
20120451481	*d7c388dc886309e318ad20b0e3965129fc98b673	teacher	2023
20121728911	*b69df9c7ae485a4f262e2f1b3c2f9a9895648e56	teacher	2023
20130242586	*312c5b7ab841db3634d8d33d471df5a1ebf5c006	teacher	2023
20130775810	*e93ee300284614543ffb36fa00c4c02178a69fdc	teacher	2023
20130987873	*b76199dd06d135a9d47a435f98f7d633c02e88bd	teacher	2023
20131123757	*1b67f156b009b90811d75d879d175f287a43372b	teacher	2023
20150533579	*1b2a27058b1311b38f9f07a5f2e9fa96cdb83461	teacher	2023

图 2.3.28　用户数据表

对于用户数据表，其密码采用 MD5 进行加密，保证了用户信息的安全性与可靠性。值得注意的是，根据设定的数据库规则，教学资源由用户自主上传，因此教学资源表没有初始化。

3.6 系统运行结果

3.6.1 系统登录

系统登录界面如图 2.3.29 所示。

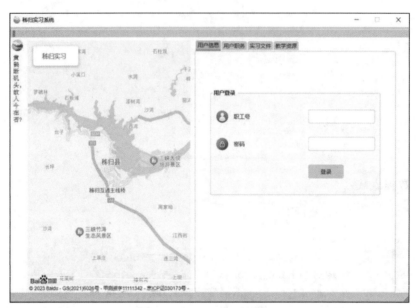

图 2.3.29　系统登录界面

3.6.2 登录成功界面

用户登录成功后界面如图 2.3.30 所示。

图 2.3.30　用户登录成功后界面

3.6.3 实习路线查询界面

实习路线查询界面如图 2.3.31 所示。

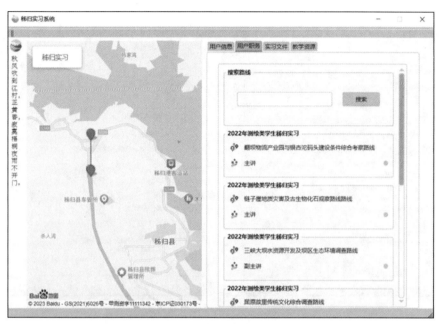

图 2.3.31　实习路线查询界面

3.6.4 教学资源管理模块

(1)教学资源上传与操作界面如图 2.3.32 所示。

图 2.3.32　教学资源上传与操作界面

(2)教学资源下载界面如图 2.3.33 所示。

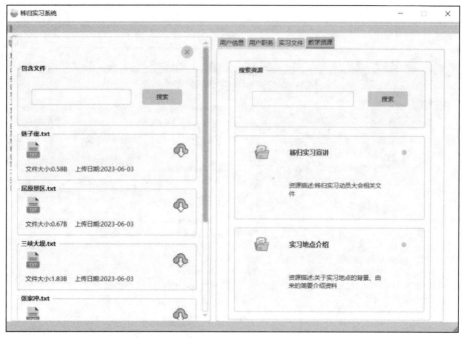

图 2.3.33　教学资源下载界面

3.6.5　教学资源下载展示

教学资源下载结果界面如图 2.3.34 所示。

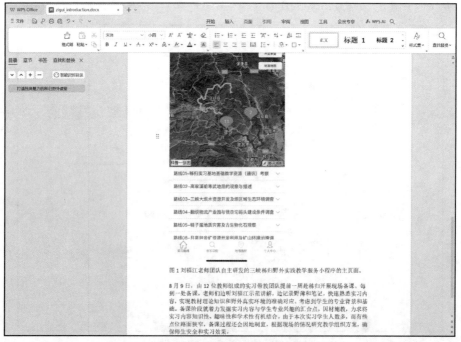

图 2.3.34　教学资源下载结果

3.7 Qt C++开发框架

Qt C++是一种跨平台的开发框架,它提供了一个完整的工具集,可以用于构建高性能、可扩展和易于维护的桌面和移动应用程序。Qt C++支持多种操作系统和开发平台,并且具有丰富的GUI组件、网络功能和数据库集成功能。

将MySQL与Qt C++结合使用,可以实现一种功能强大、高度可定制化的数据库系统。Qt C++提供了一组丰富的数据库API,允许开发人员使用SQL查询语言来访问和操作MySQL数据库。Qt C++还提供了一个简单易用的ORM框架,可以将对象映射到数据库表中,从而简化了数据库操作的代码编写和维护工作。

此外,Qt C++还提供了强大的用户界面工具,可以帮助开发人员轻松地创建自定义的数据库管理界面。这些工具可以用于创建各种用户界面元素,例如表格、图表、过滤器和搜索功能,可以轻松地将这些元素与MySQL数据库集成在一起。

利用MySQL和Qt C++开发数据库系统的优势在于其高度可定制化、跨平台性、稳定性和安全性。这种开发方式可以提供一个功能丰富、易于使用和维护的数据库系统,适用于各种不同的应用场景。

系统案例 4　野外核查工具（微信小程序：PostgreSQL＋Java）

4.1　需求分析

4.1.1　需求说明

目前某园林城市项目需要一个面向园林城市遥感监测相关的野外核查工具管理系统，要求系统中的后台管理人员管理核查相关事务。通过该系统，后台管理人员可以对注册人员和任务相关事务进行相关管理，包括对注册人员的注册信息进行审核，根据项目需求创建核查相关任务并进行人员分配，对用户已经上传的任务内容进行审核，将完成的任务内容进行保存并交付给相关人员。用户可以通过初次扫码注册填写真实姓名、身份证号、手机号等信息并设置密码，用户通过审核后可以查看所分配任务的基本信息，包括任务位置、任务详细信息等，后根据所分配的任务完成相关任务并上传，若任务审核未通过则重新完成任务，若任务审核通过则完成该任务。

4.1.2　需求理解

设计一个野外核查系统，该系统包括指派人员、野外核查任务、分配给指定人员的任务、上传的核查数据等信息。

基本情况如下：指派人员有联系方式、姓名、身份证号、密码等；野外核查任务有任务编号、任务描述、任务位置、任务位置详细信息等；分配给指定人员的任务有用户分配任务编号、用户分配任务详细信息等；上传的核查数据有文件编号、文件路径等。

实现功能：整个系统根据面向对象的不同分为 2 个视窗。分别是系统管理员视窗和用户视窗。其中系统管理员视窗能实现的功能有用户信息的管理以及核查任务信息的录入和管理；指定任务分配给指定用户；上传核查数据的审核及管理。用户视窗实现的功能是用户信息的录入、查询该用户本人被分配的任务的相关信息以及野外核查数据的上传。

每个用户都有自己的联系方式（电话号码）	联系方式→用户。
每个用户可能出现同样的名字	联系方式→真实姓名。
用户的联系方式决定用户的密码	联系方式→密码。
用户的联系方式决定用户的身份证号	联系方式→身份证号。
每项任务有自己的任务编号	任务编号→任务名称。

任务：后台管理人员录入的需要指派人员完成的野外核查任务。

任务编号决定任务描述	任务编号→任务描述。
任务编号决定任务位置	任务编号→任务位置。
任务编号决定任务位置详细信息	任务编号→任务位置详细信息。
每个用户可以被分配不同的任务	用户分配任务编号→联系方式。
每项任务可以分配给不同的人	用户分配任务编号→任务编号。

用户分配任务：后方管理人员为指定用户分配的指定任务。

用户分配任务编号决定用户任务详细信息　　用户分配任务编号→用户任务详细信息。
用户分配任务编号决定审核状态　　　　　　用户分配任务编号→审核状态。
文件:指派人员上传的野外核查的相关数据。
每项用户分配任务都只包含一个文件　　　　文件编号→用户分配任务编号。
文件编号决定文件的路径　　　　　　　　　文件编号→文件路径。

该系统的设计是为了满足外业人员对野外数据的核查、修改与采集需求。结合用户的实际情况,对任务、任务分配、上传文件等信息进行增、删、改、查等操作,同时设置密码,增加系统的安全性能。其中常见的查询有:系统中用户和任务的基本信息查询;查询指定用户的任务信息(用户分配任务详细信息等);查询用户上传的核查数据及其审核情况等。

4.1.3　系统结构图

系统结构图如图 2.4.1 所示。

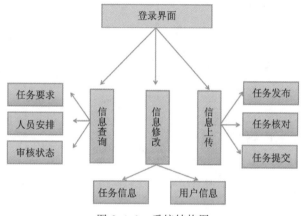

图 2.4.1　系统结构图

4.1.4　数据字典

数据字典通常包括数据项、数据结构、数据流、数据存储和处理 5 个部分,数据项是数据的最小组成单位,若干数据项组成一个数据结构,数据字典可以通过对数据项和数据结构的定义来描述数据流、数据存储的逻辑内容。

1)数据项

数据项是不可再分的数据单位,根据数据项描述的一般规范(数据项描述={数据项名、数据项含义说明、别名、数据类型、长度、取值范围})得出以下数据项表格,总共有 30 个数据项生成(表 2.4.1)。

表 2.4.1　数据项

编号	数据项	数据含义	别名	数据类型	长度	取值范围
1	联系方式	用户的电话号码	mobile	number	11	数字 0~9
2	真实姓名	用户的名字	real_name	varchar	32	系统设置

续表 2.4.1

编号	数据项	数据含义	别名	数据类型	长度	取值范围
3	身份证号	用户的身份信息	id_card	varchar	18	由数字 0~9,X 按一定规律组成
4	密码	用来登录系统	user_password	varchar	256	系统设置
5	用户身份识别	用来获取用户基本信息	user_pass	varchar	32	系统设置
6	创建时间	记录用户的创建时间	created_time	timestamp		系统生成
7	更新时间	记录用户的更新时间	updated_time	timestamp		系统生成
8	是否删除	记录用户是否被删除	deleted	boolean		系统生成
9	账户状态	记录用户状态	status	smallint		系统生成
10	任务编号	每项任务有唯一任务编号	task_id	number	32	由数字 0~9 按一定规律组成
11	任务名称	任务的名称	task_name	varchar	256	系统设置
12	任务描述	任务的文字补充描述	desc_simple	text		系统设置
13	任务位置	任务地点在地图上的位置信息	route_polygon	geometry		系统设置
14	任务位置详细信息	任务地点在地图上的位置信息描述	task_location_text	varchar	512	系统生成
15	创建时间	记录任务的创建时间	created_time	timestamp		系统生成
16	更新时间	记录任务的更新时间	updated_time	timestamp		系统生成
17	是否删除	记录任务是否被删除	deleted	boolean		系统生成
18	任务状态	记录任务状态	status	smallint		系统生成
19	用户分配任务编号	每项用户分配任务有唯一的编号	user_task_id	varchar	32	由字母 a~z,数字 0~9 按一定规律组成
20	审核状态	记录审核状态	task_status	smallint		系统生成
21	用户任务详细信息	特定用户的特定任务的文字补充描述	user_task_desc	text		系统设置
22	创建时间	记录用户分配任务的创建时间	created_time	timestamp		系统生成
23	更新时间	记录用户分配任务的更新时间	updated_time	timestamp		系统生成
24	是否删除	记录用户分配任务是否被删除	deleted	boolean		系统生成

续表 2.4.1

编号	数据项	数据含义	别名	数据类型	长度	取值范围
25	用户分配任务状态	记录用户分配任务状态	status	smallint		系统生成
26	文件编号	每个文件有唯一的编号	id	varchar	32	由字母 a～z，数字 0～9 按一定规律组成
27	文件路径	文件上传后的本地路径	access_path	varchar	512	系统读取
28	创建时间	记录文件的创建时间	created_time	timestamp		系统生成
29	更新时间	记录文件的更新时间	updated_time	timestamp		系统生成
30	是否删除	记录文件是否被删除	deleted	boolean		系统生成
31	文件状态	记录文件状态	status	smallint		系统生成

2) 数据结构

数据结构反映了数据之间的组合关系，一个数据结构可以由若干个数据项组成，也可以由若干个数据结构组成，或由若干个数据项和数据结构混合组成。通常情况下，精心选择的数据结构可以带来更高的运行或者存储效率。根据数据结构描述的一般规则（数据结构描述＝{数据结构名,含义说明,组成数据项}），生成了：用户信息、任务信息、用户分配任务信息、文件信息这 4 个数据结构（表 2.4.2）。

表 2.4.2 数据结构

编号	数据结构名	含义说明	组成
1	用户信息	使用该系统的用户	联系方式,真实姓名,密码,身份证号,用户身份识别,创建时间,更新时间,是否删除,账户状态
2	任务信息	野外核查系统所包含的任务的信息	任务编号,任务名称,任务描述,任务位置,任务位置详细信息,创建时间,更新时间,是否删除,任务状态
3	用户分配任务信息	每个用户任务分配,每项任务被分配情况及其信息	用户分配任务编号,用户分配任务详细信息,主题描述,创建时间,更新时间,是否删除,用户分配任务状态
4	文件信息	每个用户每项任务对应的图片文件	文件编号,文件路径,创建时间,更新时间,是否删除,文件状态

3) 数据流

数据流是数据结构在系统内传输的路径，根据数据流描述的一般规范（数据流描述＝{数据流名、说明、数据流量来源、数据流去向、组成:{数据结构}、平均流量、高峰期流量}）生成数据流;"数据流来源"是说明该数据流来自哪个过程;"数据流去向"是说明该数据流将到哪个过程去;"平均流量"是指在单位时间里的传输次数;"高峰期流量"则是指在高峰期的数据流量（表 2.4.3）。

表 2.4.3 数据流

编号	数据流名	说明	数据流来源	数据流去向	组成	平均流量	高峰期流量
1	用户信息	用户信息管理模块的主体数据结构之一	注册的基本信息	用户管理系统	联系方式,真实姓名,密码,身份证号,用户身份识别,创建时间,更新时间,是否删除,账户状态	20	60
2	任务信息	任务管理模块的主体数据结构之一	系统设置	任务管理模块	任务编号,任务名称,任务描述,任务位置,任务位置详细信息,创建时间,更新时间,是否删除,任务状态	10	10
3	用户分配任务信息	每项任务可以被分配给不同的用户,每个用户可以对应多项任务	用户管理系统,任务管理模块	任务分配管理模块	用户分配任务编号,用户分配任务详细信息,主题描述,创建时间,更新时间,是否删除,用户分配任务状态	5	60
4	文件信息	用户需上传图片形式的文件来完成所分配的任务	系统设置	文件管理模块	文件编号,文件路径,创建时间,更新时间,是否删除,文件状态	20	60
5	登录	系统管理员登录系统	系统设置	野外核查系统	联系方式,密码	20	60

4)数据存储

数据存储是数据结构停留或保存的地方,也是数据流的来源和去向之一。它可以是手工文档或手工凭单,也可以是计算机文档(表 2.4.4)。

表 2.4.4 数据存储

编号	数据存储名称	说明	输入的数据流	输出的数据流	组成
1	用户信息	存储用户实体的相关信息	用户原始信息数据	用户信息匹配与管理	联系方式,真实姓名,密码,身份证号,用户身份识别,创建时间,更新时间,是否删除,账户状态
2	任务信息	存储任务实体的相关信息	任务原始信息数据	任务信息匹配与管理	任务编号,任务名称,任务描述,任务位置,任务位置详细信息,创建时间,更新时间,是否删除,任务状态

续表 2.4.4

编号	数据存储名称	说明	输入的数据流	输出的数据流	组成
3	用户分配任务信息	存储用户分配任务实体的相关信息	用户分配任务原始信息数据	用户分配任务信息匹配与管理	用户分配任务编号,用户分配任务详细信息,主题描述,创建时间,更新时间,是否删除,用户分配任务状态
4	文件信息	存储文件实体的相关信息	文件原始信息数据	文件信息匹配与管理	文件编号,文件路径,创建时间,更新时间,是否删除,文件状态

5)处理过程

处理过程如表 2.4.5 所示。

表 2.4.5 处理过程

编号	处理过程名	说明	输入	输出	处理	处理过程名
1	注册	新用户需要先授权注册用户信息	新用户微信授权信息	用户身份	根据既定规则生成唯一的用户身份	注册
2	登录	保证系统安全性,确保个人隐私	微信授权信息	系统界面	确认登录信息正确,进入系统	登录
3	用户基本信息录入	用户手动录入个人信息的过程	教师基本信息以及登录密码	系统界面	将用户基本信息数字化	用户基本信息录入
4	用户信息修改	对已有用户信息进行修改	被修改信息	修改后的用户基本信息	在数据库中修改用户的基本信息	用户信息修改
5	任务查询	让系统管理员可以查询所有任务的相关信息	联络方式	任务的基本信息	调用任务信息并进行展示	任务查询
6	任务修改	修改已有任务的一些基本信息	需要被修改任务信息	被修改任务的基本信息	对任务信息进行修改	任务修改
7	增加任务	录入一条新的任务	任务基本信息	更新任务信息	增加新的任务	增加任务
8	删除任务	删除已有任务	任务编号	更新任务信息	删除任务所有及基本信息	删除任务
9	分配任务	将已有任务分配给已有用户	联络方式与任务编号	更新用户分配任务信息	增加新的用户分配任务	分配任务

续表 2.4.5

编号	处理过程名	说明	输入	输出	处理	处理过程名
10	删除分配的任务	删除已分配的任务	用户分配任务编号	更新用户分配任务信息	删除用户分配任务所有及基本信息	删除分配的任务
11	修改分配的任务	修改分配给用户的任务的一些基本信息	用户分配任务编号	更新用户分配任务信息	对用户分配任务信息进行修改	修改分配的任务
12	查询分配的任务	让用户可以查询被分配任务的相关信息	用户分配任务编号	用户分配任务的基本信息	调用用户分配任务信息并进行展示	查询分配的任务
13	上传文件	用户上传一条新的文件	文件基本信息	更新文件信息	增加新的文件	上传文件
14	修改文件	修改文件的一些基本信息	文件编号	更新文件信息	对文件信息进行修改	修改文件
15	查询文件	让系统管理员可以查询分配给用户的任务的相关信息	文件编号	文件的基本信息	调用文件信息并进行展示	查询文件

4.1.5 数据流图

1)一级数据流图

顶层数据流图如图 2.4.2 所示。

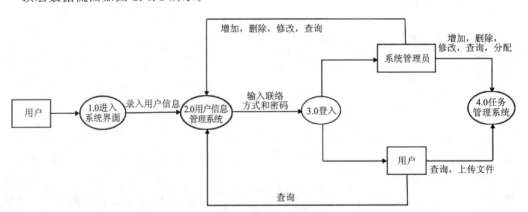

图 2.4.2 顶层数据流图

2)二级数据流图
(1)页面二级数据流图如图 2.4.3 所示。

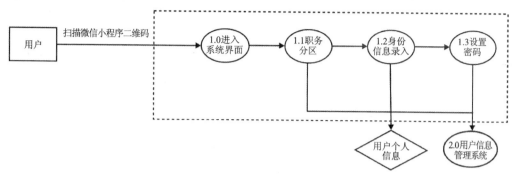

图 2.4.3　页面二级数据流图

(2)用户信息管理系统二级数据流图如图 2.4.4 所示。

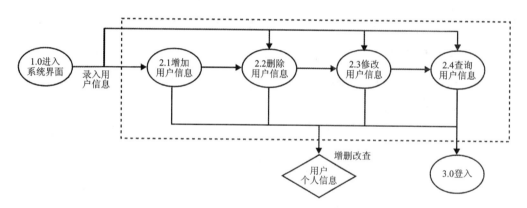

图 2.4.4　用户信息管理系统二级数据流图

(3)登录二级数据流图如图 2.4.5 所示。

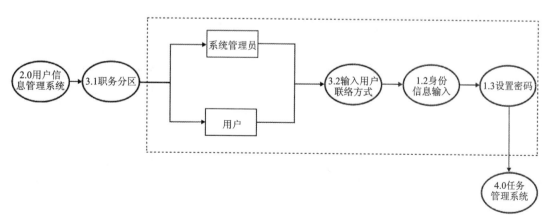

图 2.4.5　登录二级数据流图

（4）任务管理系统二级数据流图如图 2.4.6 所示。

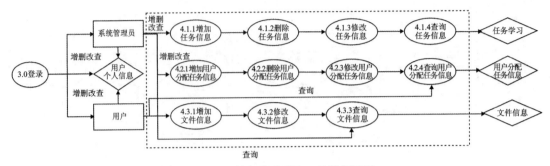

图 2.4.6 任务管理系统二级数据流图

4.2 概念设计

在概念设计中,采用自底而上的设计,即先定义各局部应用的概念结构,然后再把它们集成起来,得到全局的概念结构。经过对题目的分析,可以将其分成 4 个表,建立 4 个 E-R 图。

4.2.1 实体 E-R 图

(1) 用户实体分 E-R 图如图 2.4.7 所示。

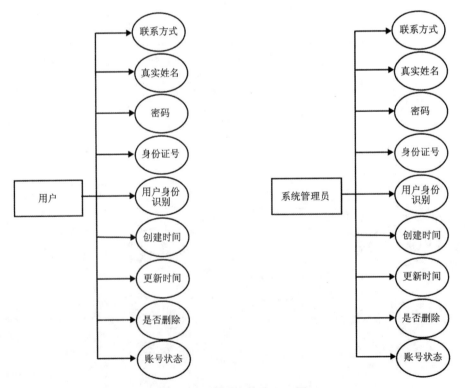

图 2.4.7 用户实体分 E-R 图

(2)任务实体分 E-R 图如图 2.4.8 所示。
(3)用户-任务分配实体 E-R 图如图 2.4.9 所示。

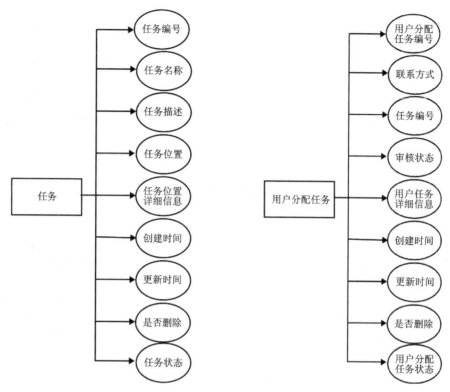

图 2.4.8　任务实体分 E-R 图　　　　图 2.4.9　用户-任务分配实体 E-R 图

(4)文件实体分 E-R 图如图 2.4.10 所示。

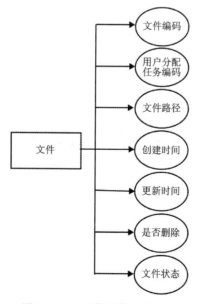

图 2.4.10　文件实体分 E-R 图

4.2.2 局部 E-R 图

(1)用户实体局部 E-R 图如图 2.4.11 所示。

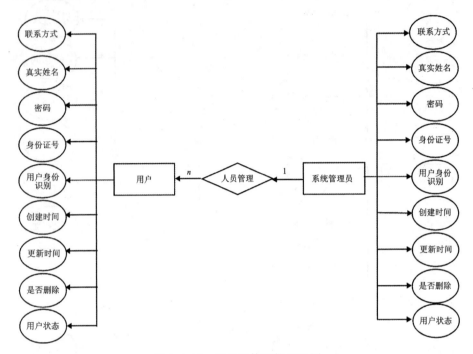

图 2.4.11 用户实体局部 E-R 图

(2)用户-用户分配任务(查询)实体局部 E-R 图如图 2.4.12 所示。

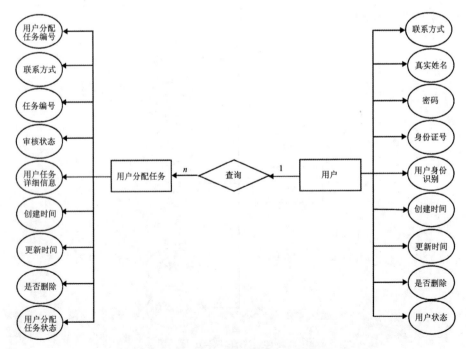

图 2.4.12 用户-用户分配任务(查询)实体局部 E-R 图

(3) 系统管理员-任务(管理)实体局部 E-R 图如图 2.4.13 所示。

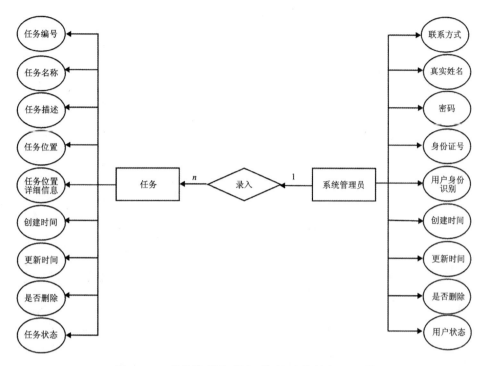

图 2.4.13 系统管理员-任务(管理)实体局部 E-R 图

(4) 系统管理员-用户分配任务(分配)实体局部 E-R 图如图 2.4.14 所示。

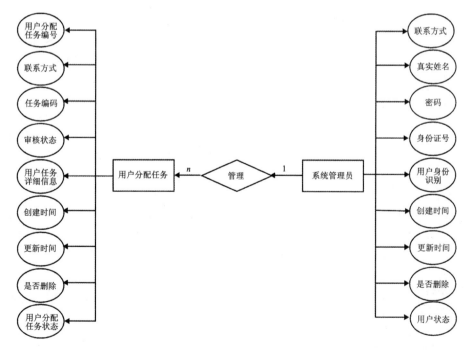

图 2.4.14 系统管理员-用户分配任务(分配)实体局部 E-R 图

(5) 核查数据审核(审核)实体局部 E-R 图如图 2.4.15 所示。

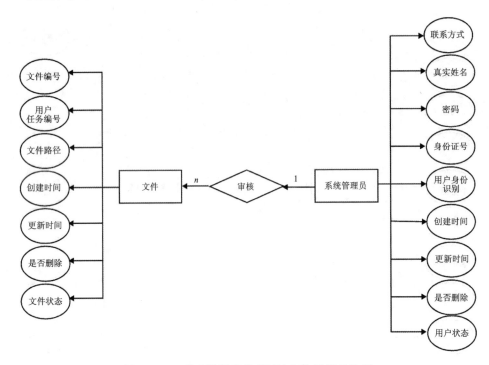

图 2.4.15 核查数据审核(审核)实体局部 E-R 图

(6) 任务-用户分配任务(属于)实体局部 E-R 图如图 2.4.16 所示。

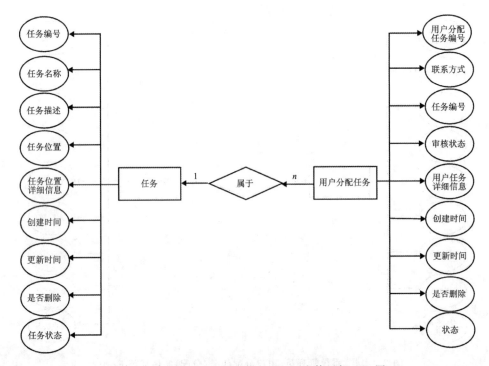

图 2.4.16 任务-用户分配任务(属于)实体局部 E-R 图

4.2.3 总 E-R 图

总 E-R 图如图 2.4.17 所示。

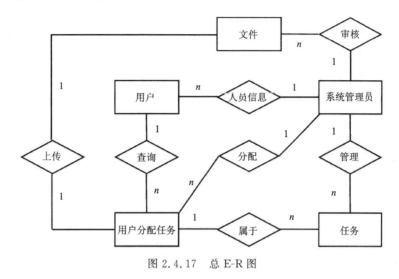

图 2.4.17 总 E-R 图

4.3 逻辑结构设计

4.3.1 E-R 模型转换

1)实体间的联系分析

关系模型的逻辑结构是一组关系模式的集合。E-R 图是由实体型、实体的属性和实体型之间的关系 3 个要素组成。所以将 E-R 图转换为关系模型实际上就是要将实体型、实体的属性和实体型之间的关系转换为关系模型。

从概念设计得出的各级 E-R 图及两个实体之间的关系得出:

用户分配任务实体和文件实体之间的联系是 1∶1,可以转换为一个独立的关系模式,也可以与任意一端对应的关系模式合并。如果转换为一个独立的关系模式,则与该联系相连的各实体的码及联系本身的属性均转换为该联系的关系模型的属性。

用户实体、任务实体和用户分配任务实体之间的联系都是 1∶n,可以转换为一个独立的关系模式,也可以与 n 端对应的关系模式合并。如果转换为一个独立的关系模式,则与该关系相连的各实体的码以及关系本身的属性均转换为关系的属性。

2)关系模式

从总 E-R 图中可以转换出以下 4 个关系模式,即用户、任务、用户任务、文件。其中关系模式的主码用横线标出。

(1)用户(<u>联系方式</u>,密码,身份证号,用户身份标识,创建时间,更新时间,是否删除,账号状态)。

此为用户实体对应的关系模式。用户联系方式为该关系模式的主码。

(2)任务(<u>任务编号</u>,任务名称,任务描述,任务位置,任务位置详细信息,创建时间,更新时间,是否删除,任务状态)。

此为任务对应的关系模式。任务编号为该关系模式的主码。

(3)用户任务(用户任务编号,联系方式,任务编号,审核状态,用户任务详细信息,创建时间,更新时间,是否删除,用户任务状态)。

此为用户任务实体对应的关系模式。用户任务编号为该关系模式的主码,联系方式和任务编码为该关系模式的外码。

(4)文件(文件编号,用户任务编码,文件路径,创建时间,更新时间,是否删除,文件状态)。

此为文件实体对应的关系模式。文件编号为该关系模式的主码,用户任务编码为该关系模式的外码。

4.3.2 数据模型的优化

数据库逻辑设计的结果不是唯一的,为了进一步提高数据库应用系统的性能,还应该根据应用需求适当调整、修改数据模型结构,这就是数据模型的优化。以下为关系模型的优化。

1)确定数据依赖

按需求分析阶段所得到的语义,分别写出每个关系模式内部各属性之间的数据依赖以及不同关系模式属性之间的数据依赖。

(1)用户(联系方式,真实姓名,密码,身份证号,用户身份识别,注册时间,更新时间,是否删除,账号状态)。

符号表示 t-user(mobile, real_name, user_password, id_card, openid, created_time, updated_time, deleted, status)。

用户实体中存在的函数依赖(mobile→real_name, mobile→user_password, mobile→id_card, mobile→openid, mobile→created_time, mobile→updated_time, mobile→deleted, mobile→status)。

(2)任务(任务编号,任务名称,任务描述,任务位置,任务位置详细信息,创建时间,更新时间,是否删除,任务状态)。

符号表示 t_task(task_id, task_name, desc_simple, task_polygon, task_location_text, created_time, updated_time, deleted, status)。

任务实体中存在的函数依赖(task_id→task_name, task_id→desc_simple, task_id→task_polygon, task_id→task_location_text, task_id→created_time, task_id→updated_time, task_id→deleted, task_id→status)。

(3)用户分配任务(用户任务编号,联系方式,任务编号,用户任务详细信息,审核状态,创建时间,更新时间,是否删除,用户任务状态)。

符号表示 t-user4task(user_task_id, mobile, task_id, user_task_desc, task_status, created_time, updated_time, deleted, status)。

用户分配任务实体中存在的函数依赖(user_task_id→mobile, user_task_id→task_id, user_task_id→user_task_desc, user_task_id→created_time, user_task_id→updated_time, user_task_id→deleted, user_task_id→status)。

(4)文件(文件编号,用户任务编码,文件路径,创建时间,更新时间,是否删除,文件状态)。

符号表示 t_user_task_upload_file(user_task_id,user_task_id,access_path,created_time,updated_time,deleted,status)。

文件实体中存在的函数依赖(user_task_id→id,user_task_id→access_path,id→created_time,id→updated_time,id→deleted,id→status)。

2)无损连接和保持依赖分解的验证

Uno 联系方式,Uname 真实姓名,Ucard 身份证号,Uid 用户身份识别,Upw 密码,Uct 创建时间,Uut 更新时间,Udeleted 是否删除,Ustatus 用户状态,Tno 任务编码,Tname 任务名称,Tdesc 任务描述,Tpolygon 任务位置,Ttext 任务位置详细信息,Tct 创建时间,Tut 更新时间,Tdeleted 是否删除,Tstatus 任务状态,Cno 用户分配任务编码,Ctext 用户分配任务详细信息,Cts 审核状态,Cct 创建时间,Cut 更新时间,Cdeleted 是否删除,Cstatus 用户分配任务状态,Fno 文件编码,Fpath 文件路径,Fct 创建时间,Fut 更新时间,Fdeleted 是否删除,Fstatus 文件状态。

设 U 是关系模式 R 的属性集,F 是 R 上的函数依赖集。

令 Uno = mobile, Uname = real_time, Ucard = id_card, Uid = openid, Upw = user_password, Uct = created_time, Uut = updated_time, Udeleted = deleted, Ustatus = status, Tno = task_id, Tname = task_name, Tdesc = desc_simple, Tpolygon = task_polygon, Ttext = task_location_text, Tct = created_time, Tut = updated_time, Tdeleted = deleted, Tstatus = status, Cno = user_task_id, Ctext = user_task_desc, Cct = created_time, Cut = updated_time, Cdeleted = deleted, Cstatus = status, Fno = id, Fpath = access_path, Fct = created_time, Fut = updated_time, Fdeleted = deleted, Fstatus = status。

所以

F = {Uno→Uname,Uno→Ucard,Uno→Uid,Uno→Upw,Uno→Uct,Uno→Uut,Uno→Udeleted,Uno→Ustatus,Tno→Tname,Tno→Tdesc,Tno→Tpolygon,Tno→Ttext,Tno→Tct,Tno→Tut,Tno→Tdeleted,Tno→Tstatus,Cno→Uno,Cno→Tno,Cno→Ctext,Cno→Cts,Cno→Cct,Cno→Cut,Cno→Cdeleted,Cno→Cstatus,Fno→Cno,Fno→Fpath,Fno→Fct,Fno→Fut,Fno→Fdeleted,Fno→Fstatus}

(1)根据算法 6.3[①](保持依赖)求 ρ。

求 F 的最小依赖集:

①右单:

{Uno→Uname,Uno→Ucard,Uno→Uid,Uno→Upw,Uno→Uct,Uno→Uut,Uno→Udeleted,Uno→Ustatus,Tno→Tname,Tno→Tdesc,Tno→Tpolygon,Tno→Ttext,Tno→Tct,Tno→Tut,Tno→Tdeleted,Tno→Tstatus,Cno→Uno,Cno→Tno,Cno→Ctext,Cno→Cts,Cno→Cct,Cno→Cut,Cno→Cdeleted,Cno→Cstatus,Fno→Cno,Fno→Fpath,Fno→Fct,Fno→Fut,Fno→Fdeleted,Fno→Fstatus}

②去多余依赖:

{Uno→Uname,Uno→Ucard,Uno→Uid,Uno→Upw,Uno→Uct,Uno→Uut,Uno→Udeleted,Uno→Ustatus,Tno→Tname,Tno→Tdesc,Tno→Tpolygon,Tno→Ttext,Tno→Tct,Tno→Tut,Tno→Tdeleted,Tno→Tstatus,Cno→Uno,Cno→Tno,Cno→Ctext,Cno→

---

① 该算法引用了《数据库系统概论》(第 5 版)(王珊和萨师煊,2014)中的算法 6.3。

Cts,Cno→Cct,Cno→Cut,Cno→Cdeleted,Cno→Cstatus,Fno→Cno,Fno→Fpath,Fno→Fct,Fno→Fut,Fno→Fdeleted,Fno→Fstatus}

③去多余属性：

{Uno→Uname,Uno→Ucard,Uno→Uid,Uno→Upw,Uno→Uct,Uno→Uut,Uno→Udeleted,Uno→Ustatus,Tno→Tname,Tno→Tdesc,Tno→Tpolygon,Tno→Ttext,Tno→Tct,Tno→Tut,Tno→Tdeleted,Tno→Tstatus,Cno→Uno,Cno→Tno,Cno→Ctext,Cno→Cts,Cno→Cct,Cno→Cut,Cno→Cdeleted,Cno→Cstatus,Fno→Cno,Fno→Fpath,Fno→Fct,Fno→Fut,Fno→Fdeleted,Fno→Fstatus}

找出不在 F 中出现的属性：无；

若 X→A∈F 且 XA=U，则 ρ={R}，算法终止，不成立；

否则，按照相同左部原则分组：

R1=＜{Uno,Uname,Ucard,Uid,Upw,Uct,Uut,Udeleted,Ustatus},{Uno→Uname,Uno→Ucard,Uno→Uid,Uno→Upw,Uno→Uct,Uno→Uut,Uno→Udeleted,Uno→Ustatus}＞

R2=＜{Tno,Tname,Tdesc,Tpolygon,Ttext,Tct,Tut,Tdeleted,Tstatus},{Tno→Tname,Tno→Tdesc,Tno→Tpolygon,Tno→Ttext,Tno→Tct,Tno→Tut,Tno→Tdeleted,Tno→Tstatus}＞

R3=＜{Cno,Uno,Tno,Ctext,Cct,Cut,Cdeleted,Cstatus},{Cno→Uno,Cno→Tno,Cno→Ctext,Cno→Cts,Cno→Cct,Cno→Cut,Cno→Cdeleted,Cno→Cstatus}＞

R4=＜{Fno,Cno,Fpath,Fct,Fut,Fdeleted,Fstatus},{Fno→Cno,Fno→Fpath,Fno→Fct,Fno→Fut,Fno→Fdeleted,Fno→Fstatus}＞

得到 4 组结果，故：

ρ={

R1=＜{Uno,Uname,Ucard,Uid,Upw,Uct,Uut,Udeleted,Ustatus},{Uno→Uname,Uno→Ucard,Uno→Uid,Uno→Upw,Uno→Uct,Uno→Uut,Uno→Udeleted,Uno→Ustatus}＞

R2=＜{Tno,Tname,Tdesc,Tpolygon,Ttext,Tct,Tut,Tdeleted,Tstatus},{Tno→Tname,Tno→Tdesc,Tno→Tpolygon,Tno→Ttext,Tno→Tct,Tno→Tut,Tno→Tdeleted,Tno→Tstatus}＞

R3=＜{Cno,Uno,Tno,Ctext,Cts,Cct,Cut,Cdeleted,Cstatus},{Cno→Uno,Cno→Tno,Cno→Ctext,Cno→Cts,Cno→Cct,Cno→Cut,Cno→Cdeleted,Cno→Cstatus}＞

R4=＜{Fno,Cno,Fpath,Fct,Fut,Fdeleted,Fstatus},{Fno→Cno,Fno→Fpath,Fno→Fct,Fno→Fut,Fno→Fdeleted,Fno→Fstatus}＞

}

(2) 根据算法 6.4[①]（保证无损连接）求 τ。

求候选码：

由定义或者闭包求 R 的码 X（全局的码）。

[①] 该算法引用了《数据库系统概论》（第 5 版）（王珊和萨师煊，2014）中的算法 6.4。

定义:取最小依赖集,计算 UL 闭包,如果 UL 闭包包含全属性,则 UL 为唯一候选码,如果不包含,则依次与 UB 属性组合后再求闭包是否包含全属性。UL 为空时,直接取 UB 依次组合求闭包(UL 表示仅在函数依赖集中各依赖关系式左边出现的属性的集合;UR 表示仅在函数依赖集中各依赖关系式右边出现的属性的集合)。

R=<{Uno, Uname, Ucard, Uid, Upw, Uct, Uut, Udeleted, Ustatus, Tno, Tname, Tdesc, Tpolygon, Ttext, Tct, Tut, Tdeleted, Tstatus, Cno, Ctext, Cts, Cct, Cut, Cdeleted, Cstatus, Fno, Fpath, Fct, Fut, Fdeleted, Fstatus}, {Uno→Uname, Uno→Ucard, Uno→Uid, Uno→Upw, Uno→Uct, Uno→Uut, Uno→Udeleted, Uno→Ustatus, Tno→Tname, Tno→Tdesc, Tno→Tpolygon, Tno→Ttext, Tno→Tct, Tno→Tut, Tno→Tdeleted, Tno→Tstatus, Cno→Uno, Cno→Tno, Cno→Ctext, Cno→Cts, Cno→Cct, Cno→Cut, Cno→Cdeleted, Cno→Cstatus, Fno→Cno, Fno→Fpath, Fno→Fct, Fno→Fut, Fno→Fdeleted, Fno→Fstatus}>

根据定义使一个属性或者属性的组合的闭包等于 U,可求得 R 的码。

经观察,在依赖集左部的有 Uno、Cno、Fno,则 UL=Uno、Tno、Cno、Fno。

(Uno、Tno、Cno、Fno) + =Uno、Tno、Cno、Fno、Uname、Ucard、Uid、Upw、Uct、Uut、Udeleted、Ustatus、Tname、Tdesc、Tpolygon、Ttext、Tct、Tut、Tdeleted、Tstatus、Ctext、Cts、Cct、Cut、Cdeleted、Cstatus、Fpath、Fct、Fut、Fdeleted、Fstatus=U

所以 UL=Uno、Tno、Cno、Fno 为 R 的码,即 X=Uno、Tno、Cno、Fno。

所以
$\tau = \rho \cup \{R*<X,Fx>\} = \rho \cup \{R*<\{Uno、Tno、Cno、Fno\},\{\varnothing\}>\} =$
{

R1=<{Uno, Uname, Ucard, Uid, Upw, Uct, Uut, Udeleted, Ustatus}, {Uno→Uname, Uno→Ucard, Uno→Uid, Uno→Upw, Uno→Uct, Uno→Uut, Uno→Udeleted, Uno→Ustatus}>

R2=<{Tno, Tname, Tdesc, Tpolygon, Ttext, Tct, Tut, Tdeleted, Tstatus}, {Tno→Tname, Tno→Tdesc, Tno→Tpolygon, Tno→Ttext, Tno→Tct, Tno→Tut, Tno→Tdeleted, Tno→Tstatus}>

R3=<{Cno, Uno, Tno, Ctext, Cct, Cut, Cdeleted, Cstatus}, {Cno→Uno, Cno→Tno, Cno→Ctext, Cno→Cts, Cno→Cct, Cno→Cut, Cno→Cdeleted, Cno→Cstatus}>

R4=<{Fno, Cno, Fpath, Fct, Fut, Fdeleted, Fstatus}, {Fno→Cno, Fno→Fpath, Fno→Fct, Fno→Fut, Fno→Fdeleted, Fno→Fstatus}>

∪

{R*<{Uno、Tno、Cno、Fno},{∅}>}

无损连接得证。

所以

该分解达到了 3NF 的无损连接且函数依赖;

(3)结果。

由 Uno = mobile, Uname = real_time, Ucard = id_card, Uid = openid, Upw = user_password, Uct = created_time, Uut = updated_time, Udeleted = deleted, Ustatus = status, Tno = task_id, Tname = task_name, Tdesc = desc_simple, Tpolygon = task_polygon, Ttext = task_ location_text,Tct＝created_time,Tut＝updated_time,Tdeleted＝deleted,Tstatus＝status,Cno＝user_task_id,Ctext＝user_task_desc,Cts＝task_status,Cct＝created_time,Cut＝updated_time,Cdeleted＝deleted,Cstatus＝status,Fno＝id,Fpath＝access_path,Fct＝created_time,Fut＝updated_time,Fdeleted＝deleted,Fstatus＝status。

回代得：

R1＜{mobile,real_name,id_card,openid,user_password,created_time,updated_time,deleted,status},{mobile→real_name,mobile→id_card,,mobile→openid,mobile→created_time,mobile→created_time,mobile→updated_time,mobile→deleted,mobile→status}＞

R2＜{task_id,task_name,desc_simple,task_polygon,task_location_text,created_time,updated_time,deleted,status},{ask_id→task_name,task_id→desc_simple,task_id→task_polygon,task_id→task_location_text,task_id→created_time,task_id→updated_time,task_id→deleted,task_id→status}＞

R3＜{user_task_id,mobile,task_id,user_task_desc,created_time,updated_time,deleted,status},{user_task_id→mobile,user_task_id→task_id,user_task_id→user_task_desc,user_task_id→created_time,user_task_id→updated_time,user_task_id→deleted,user_task_id→status}＞

R4＜{id,user_task_id,access_path,created_time,updated_time,deleted,status},{user_task_id→id,user_task_id→access_path,id→created_time,id→updated_time,id→deleted,id→status}＞

R∗＜{mobile,task_id,user_task_id,id},{∅}＞

4.3.3 设计用户子模式

定义数据库全局模式主要是从系统的时间效率、空间效率、易维护等角度出发。由于用户外模式与模式是相对独立的，所以在定义用户外模式时，可以注重考虑用户的习惯与需求。

(1)使用更符合用户习惯的别名。

(2)可以对不同级别的用户定义不同的视图，以保证系统的安全性。

(3)简化用户对系统的使用。

根据需求分析中的要求能够实现用户的登录注册、所分配任务查询、核查数据上传和个人信息修改，以及系统管理员的登录、用户管理、任务管理、任务分配管理和文件管理等功能。在进行视图设计时，考虑到用户分配任务和用户、任务的依赖关系，不需要根据业务需求，单独设置额外视图，优化了系统的视图设计。因此设计了以下的功能视图，将现在所有在基础表中的操作都建立一个与其相同的视图，即用户管理视图、任务管理视图、任务分配管理视图和文件管理视图。以下为各视图的属性信息及 SQL 语句。

出于安全考虑，就是设计所有的视图，即：

1)用户管理视图

```
create
view `usersearch` AS
select
```

```
user.mobile
user.real_name
user.user_password
user.id_card
user.openid
user.created_time
user.updated_time
from
user
```

2) 任务管理视图

```
create
view `tasksearch` AS
select
task.task_id
task.task_name
task.desc_simple
task.task_polygon
task.task_location_text
task.created_time
task.updated_time
task.deleted
task.status
form task
```

3) 任务分配管理视图

```
create
view `user_tasksearch` AS
select
user_task.task_id
user_task.task_name
user_task.desc_simple
user_task.task_polygon
user_task.task_location_text
user_task.created_time
user_task.updated_time
user_task.deleted
user_task.status
from user_task.
```

4) 文件管理视图

```
create
view `filesearch` AS
select
```

```
file.id
file.user_task_id
file.access_path
file.created_time
file.updated_time
file.deleted
file.status
from file.
```

4.4 物理设计

4.4.1 数据库

本服务器功能模块设计基于 B/S 架构,该架构分为表现层、业务层、持久层。其中持久层,就是常说的 DAO 层,该层与数据库进行交互,对数据库表进行增删改查的操作。本书使用的是 PostgreSQL 数据库,结合 PostGIS 插件进行空间数据管理。

PostgreSQL 简称"PG",是一个功能非常强大的、源代码开放的客户/服务器关系型数据库管理系统(RDBMS)。它支持丰富的数据类型(如 JSON 和 JSONB 类型、数组类型)和自定义类型。

GeoServer 是 OpenGIS Web 服务器规范的 J2EE 实现,利用 GeoServer 可以方便地发布地图数据,允许用户对特征数据进行更新、删除、插入操作,通过 GeoServer 可以比较容易地在用户之间迅速共享空间地理信息。GeoServer 是社区开源项目,可以直接通过社区网站下载,它允许用户查看和编辑地理空间数据,使用开放地理空间联盟(OGC)提出的开放标准,为地图创建和数据分享提供了强大的便利性。

野外核查系统小程序端使用 uni-app 框架,后台管理端使用 Vue 框架,数据库采用 PostgreSQL 数据库,结合 PostGIS 插件,可以进行空间数据的存储管理。

小程序模块主要用于辅助用户接收和完成野外核查任务,后台管理模块辅助系统管理员进行数据的管理,方便负责野外核查任务的用户快速并准确地找到任务位置并完成任务。野外核查系统的开发与应用能很好地服务用户进行野外核查工作,提高野外数据采集的业务扩展性和野外核查系统的开发效率,满足不同任务的野外数据采集需求,并为移动环境下类似野外核查系统的研发提供新的思路。

后台管理模块辅助系统管理员进行数据的管理,主要分为任务管理、任务分配管理、文件管理、用户管理四大功能板块。管理端的任务管理、任务分配管理板块能让系统管理员进行野外核查任务的创建和分配,通过文件管理板块,系统管理员能够查看用户所上传的图片数据等。教师管理板块能将注册登录的教师信息进行存储和统一管理。

小程序模块用于辅助用户完成自己所需完成的野外核查任务,主要分为用户个人信息、任务信息、用户分配任务信息和文件信息四大功能板块,让用户完成野外核查任务的效率更高,例如查看所需完成野外核查任务的数量和任务的基本信息、任务的位置、详细描述等,同时用户能够立即将核查结果上传到后台,并对用户个人信息进行查看与修改。

框架图如图 2.4.18 所示。

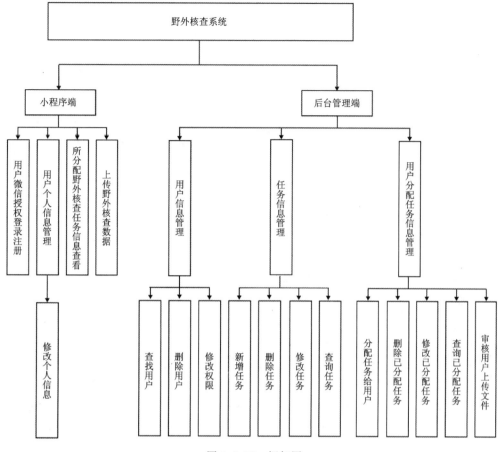

图 2.4.18 框架图

4.4.2 基本表及 SQL 语句

(1)用户信息表:用于存储用户的个人信息(表 2.4.6)。

表 2.4.6 用户信息表

字段描述	字段名	类型	长度	备注
联系方式	mobile	varchar	32	主键
真实姓名	real_name	varchar	64	系统设置
密码	user_password	varchar	256	系统设置
身份证号	id_card	varchar	32	由数字 0~9,X 按一定规律组成
用户身份识别	openid	varchar	32	系统生成
注册时间	created_time	timestamp		系统生成
更新时间	updated_time	timestamp		系统生成
是否删除	deleted	boolean		系统生成
账号状态	status	smallint		系统生成

SQL 语句：
```
create table public.t_user
(
    mobile          varchar(32)  default ''::character varying not null
        primary key,
    real_name       varchar(64)  default ''::character varying not null,
    user_password   varchar(256) default ''::character varying not null,
    id_card         varchar(32)  default ''::character varying not null,
    openid          varchar(32)  default ''::character varying not null,
    created_time    timestamp    default now()                 not null,
    updated_time    timestamp    default now()                 not null,
    deleted         boolean      default false                 not null,
    status          smallint     default 0                     not null
);
```

(2)任务表：用于存储核查任务的信息(表 2.4.7)。

表 2.4.7 任务表

字段描述	字段名	类型	长度	备注
任务编号	task_id	varchar	32	主键
任务名称	task_name	varchar	256	系统设置
任务描述	desc_simple	varchar	512	系统设置
任务位置	task_polygon	geometry		系统设置
任务位置详细信息	task_location_text	varchar	512	系统设置
创建时间	created_time	timestamp		系统生成
更新时间	updated_time	timestamp		系统生成
是否删除	deleted	boolean		系统生成
任务状态	status	smallint		系统生成

SQL 语句：
```
create table public.t_task
(task_id             varchar(32)  default ''::character varying not null primary key,
task_name            varchar(256) default ''::character varying not null,
desc_simple          varchar(512) default ''::character varying not null,
task_polygon         geometry,
task_location_text   varchar(512) default ''::character varying not null,
created_time         timestamp    default now()                 not null,
updated_time         timestamp    default now()                 not null,
deleted              boolean      default false                 not null,
status               smallint     default 0                     not null);
```

(3)用户任务表:中间表,用于保存用户和任务多对多的关系(表 2.4.8)。

表 2.4.8 用户任务表

字段描述	字段名	类型	长度	备注
用户任务编号	user_task_id	varchar	32	主键
联系方式	mobile	varchar	32	系统读取
任务编号	task_id	varchar	32	系统读取
审核状态	task_status	smallint		系统生成
用户任务详细信息	user_task_desc	text		系统生成
创建时间	created_time	timestamp		系统生成
更新时间	updated_time	timestamp		系统生成
是否删除	deleted	boolean		系统生成
用户任务状态	status	smallint		系统生成

SQL 语句:

```
create table public.t_user_task
(
    user_task_id    varchar(32) default ''::character varying not null
        primary key,
    mobile          varchar(32) default ''::character varying not null,
    task_id         varchar(32) default ''::character varying not null,
    task_status     smallint    default 0                     not null,
    user_task_desc  text,
    created_time    timestamp   default now()                 not null,
    updated_time    timestamp   default now()                 not null,
    deleted         boolean     default false                 not null,
    status          smallint    default 0                     not null
);
```

(4)用户任务上传文件表:用于存储核查文件的信息(表 2.4.9)。

表 2.4.9 用户任务上传文件表

字段描述	字段名	类型	长度	备注
文件编号	id	varchar	32	主键
用户任务编号	user_task_id	varchar	32	系统读取
文件路径	access_path	varchar	512	系统读取
创建时间	created_time	timestamp		系统生成
更新时间	updated_time	timestamp		系统生成
是否删除	deleted	boolean		系统生成
文件状态	status	smallint		系统生成

SQL 语句：
```
create table public.t_user_task_upload_file
(
    id              varchar(32)   default ''::character varying not null
        primary key,
    user_task_id    varchar(32)   default ''::character varying not null,
    access_path     varchar(512)  default ''::character varying not null,
    created_time    timestamp     default now()                 not null,
    updated_time    timestamp     default now()                 not null,
    deleted         boolean       default false                 not null,
    status          smallint      default 0                     not null
);
```

4.5 系统实施与系统维护

4.5.1 DBMS & 语言选择

(1)数据库选择的是 PostgreSQL，结合 PostGIS 插件，进行空间数据的存储。
(2)开发语言选择的是 Java。
(3)所用到的开发工具与版本如表 2.4.10、表 2.4.11 所示。

表 2.4.10　小程序端开发工具与版本——HBuilder

开发工具	相关描述
名称	HBuilder
版本	v3.4.7.20220422

表 2.4.11　小程序端开发工具与版本——微信开发者工具

开发工具	相关描述
名称	微信开发者工具
版本	v1.05.2204250

后台管理端用到的开发工具与版本如表 2.4.12 所示。

表 2.4.12　后台管理端开发工具与版本

开发工具	相关描述
名称	Quasar
版本	v2021.3.2

后端服务器用到的开发工具与版本如表 2.4.13 所示。

表 2.4.13 后端服务器开发工具与版本

开发工具	相关描述
名称	IntelliJ IDEA
版本	v2022.1.1

4.5.2 数据的载入

整个系统一共有 4 张基本表,用户信息表、任务表、用户任务表、用户任务上传文件表,其中用户信息表用来存放整个系统登录的账户和密码信息。

1)用户信息基本表数据的载入

insert into user(user_task_id,mobile,Password)values ('001',15577778888','123456');
insert into user(mobile,Password)values ('002','15566667777','123456');
insert into user(mobile,Password)values ('003','15555554444','123456');

2)任务基本表数据的载入

insert into task (task_id,task_path) values ('01','path1');
insert into task (task_id,task_path) values ('02','path2');
insert into task (task_id,task_path) values ('03','path3');

3)用户任务基本表数据的载入

insert into user_task (user_task_id,mobile,task_id) values ('001','15577778888','01');
insert into user_task (user_task_id,mobile,task_id) values ('002','15566667777','02');
insert into user_task (user_task_id,mobile,task_id) values ('003','15555554444','03');

4)用户上传文件基本表数据的载入

insert into user_task_upload_file(file_id,user_task_id,access_path) values ('1','001','path1');

insert into user_task_upload_file(file_id,user_task_id,access_path) values ('2','002','path2');

insert into user_task_upload_file(file_id,user_task_id,access_path) values ('3','003','path3');

4.6 系统运行结果

4.6.1 小程序端实际效果图

1)微信授权登录界面

用户在小程序界面授权微信登录,如果是新用户就自动注册并登录,如图 2.4.19 所示。

用户在个人信息页面查看自己的信息,包括微信昵称、身份证号、真实姓名、联系电话和账号状态等相关信息,如图 2.4.20 所示。

2)核查任务界面

用户登录后就可以直接进入小程序端首页界面,首页会展示一个地图,在右下角会有"我的任务",点进"我的任务"会根据分配的情况查看到自己的任务,对于任务可以标记到地图,然后用户可以在首页查看到该任务的具体位置,如图 2.4.21 所示。

图 2.4.19 授权登录界面

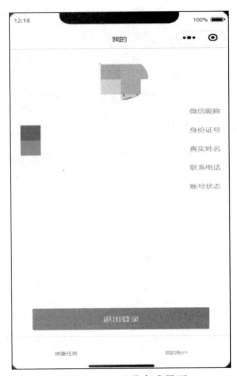
图 2.4.20 登录完成界面

图 2.4.21 核查任务界面

点击任务区域之后可以看到任务的详情,包括任务名称、任务描述、发布时间、导航路线和上传文件,用户选择自己的文件上传,上传文件的方式可分为从相册上传和拍摄上传,如图 2.4.22~图 2.4.24 所示。

在导航路线中可查看自己和任务区域,并通过导航跳转到第三方地图软件进行导航功能的实现,如图 2.4.25 所示。

图 2.4.22　任务列表页

图 2.4.23　任务详情页 1

图 2.4.24　任务详情页 2

图 2.4.25　任务详情页 3

4.6.2 后台管理端实际效果图

系统管理员登录后进入后台管理端,可以查看两大模块的内容:任务管理和用户管理。任务管理模块包括任务列表和新增任务,任务列表模块可以查看已有任务的状态,并能根据高级查询功能进行筛选查找(图 2.4.26),在编辑中可以对已有任务进行编辑(图 2.4.27),进度则是对现有任务进行相关分配(图 2.4.28)。新增任务则是根据实际需求新增,并完成任务相关信息的填写(图 2.4.29)。

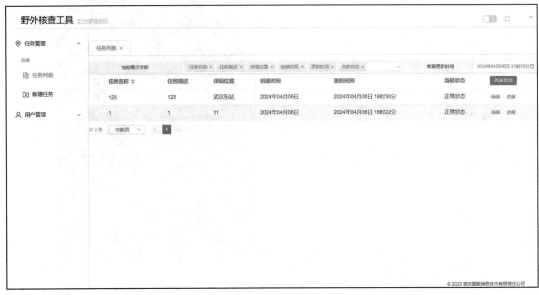

图 2.4.26 后台任务列表页

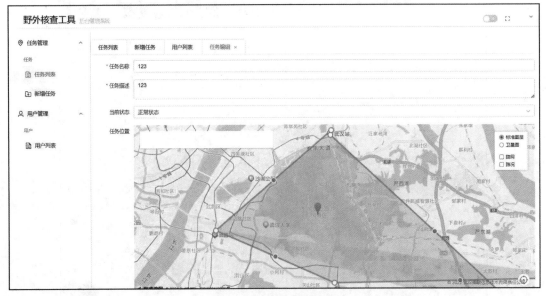

图 2.4.27 任务编辑页面

第 2 部分　数据库课程设计方法与案例

图 2.4.28　任务进度页面

图 2.4.29　新增任务页面

用户管理模块主要是用户列表,在用户列表的编辑模块中主要是对已注册用户的用户状态进行编辑(图 2.4.30、图 2.4.31)。

图 2.4.30　用户列表页面

图 2.4.31　用户编辑页面

系统案例 5　教务管理系统(MySQL＋JAVA)

5.1　需求分析

5.1.1　需求说明

教务管理是大学的主要日常管理工作之一,涉及校、系、师、生的诸多方面,摈弃传统的师生管理概念,不再需要面对面交流管理,也不再需要为了修改某一个表册而跑遍整个学校。随着教学体制的不断改革,尤其是学分制、选课制的展开和深入,教务日常管理工作日趋繁重、复杂。如何把教务工作信息化、模块化、便捷化是现代高校发展的重点,21世纪是信息的社会,传统的教务管理模式,已经不适应信息时代的要求,所以迫切需要研制开发一种综合教务管理软件,建成一个完整统一、技术先进、高效稳定、安全可靠的教学信息管理系统。

教务管理系统的开发不仅可以减少人力、物力和财力资源的浪费,更重要的是有助于提高教务管理的效率。教务管理人员管理学生学籍、管理教师课程是一项复杂的组织工作,这种复杂性不仅仅指学生学籍变更快,变更人数众多,更突出地表现在教务管理主要对象(即学生)的数据量大,管理起来不方便,所以开发一个实用、高效的教务管理信息系统是很有必要的。

本次设计的教务管理系统包括学生、课程、学生课程成绩、教师、班级和系等信息,基本情况如下:学生有学号、姓名、性别、年龄、学生所在系等;课程有课序号、课名、课程所需要的先行课、本课程的学分等;学生课程成绩有学生的学号、学生选课的课程号、学生选择这门课的成绩等;教师有工作证号、姓名、职称、电话等;班级有班号、最低总学分等;系有系代号、系名和系办公室电话等。同时各系自主管理师生日常工作,通过该系统,各系可以管理在校学生的学习情况,包括选课情况、每门课的成绩等。学生可以通过该系统查询自己的成绩,老师可以根据上课的情况,查询、修改学生成绩等。

每个学生有自己的学号;每个学生可能出现同样的名字;学生的学号决定学生的性别;学生的学号决定学生的年龄;学生的学号决定学生所在的系;一个学生可以选择多门课程;不同的课程学分可以一样;不同课程可能存在相同的先行课;课程序号决定了课程的学分;确定一个学生的学号和课程号可以决定课程成绩;学生选课的课程号决定课程名称;确定了课程号可以确定其先行课。

5.1.2　需求理解

设计一个教务管理系统,其中:

(1)信息来源:各种教务信息,包括所有学生的信息、学生课程信息、学生课程成绩信息、所有教师的信息、校内所有的有关情况、各系内所有班级的有关情况。

(2)实现功能:整个系统根据面向对象的不同分为3个视窗。分别是教务人员视窗、教师视窗和学生视窗。登录界面通过所输信息判断登录人员类别从而呈现不同的视窗,不同的视窗功能不同。其中教务人员视窗能实现的功能有学生、教师、系、班级、课程信息的录入;指定班级、系的学生信息的查询。教师视窗实现的功能是查询该教师本人的授课情况;给所教学生成绩。学生视窗实现的功能是查询该学生本人的成绩、学分情况;给自己选课。

(3)学生:正在学校、学堂或其他学习地方受教育的人。每个学生有唯一识别他的学号,学号是11位(如20211000579),前四位为入学年份,中间三位都为"100",后四位为学生入校时电脑所给的随机编号。每位学生都有自己的姓名,姓名为20个字节,但不同的学生可能有相同的名字。每个学生都有性别的说明,性别的说明占两个字节,"男"或"女"。同时,学生还有记录年龄的信息。别名 student。

(4)课程:学校学生所应学习的学科总和及其进程与安排。有唯一标识一门课程的课程序号(8位)、课程名称(30位)、课程的先行课数目和学分(2位)。别名 course。

(5)学生课程成绩:根据学生的唯一标识(主码)学号与课程的唯一标识(主码)课程序号可以实现对学生课程成绩的确定。别名 studentcourse。

(6)教师:受过专门教育和训练的,并在学校中担任教育教学工作的人。每个教师都有一个可以唯一识别他的工作证号,工作证号为字符型,6位。每名教师都有自己的姓名,姓名为字符型,10个字符,但不同的教师可能有相同的名字。每名教师都有他的职称,职称分为4个:助教、讲师、副教授、教授,字符型,3个字符。每个老师都会给教务科留下联系电话,字符型,11位。此外,还需要说明教师所属的系,每个教师都属于一个系。在数据库中,教师的别名为 teacher。

(7)班级:是学校的基本单位,通常由一位或几位学科教师与一群学生共同组成。班级有可以唯一识别它的班级序号,共六位,前三位是专业代号,中间两位是班级成立年份,最后一位表示该班级是同一专业班级中的第几个班。表征班级属性的还有最低总学分。此外,还应说明班级所属的系的系名,参照数据项"系"的定义,每个班都属于一个系。还有班主任姓名,参照"教师",每个班的班主任都由一名教师担任。别名 class。

(8)系:高等学校按专业性质设置的教学行政单位。每个系都有唯一表示它的系代号,为三位。系都有系名,不同专业系名不一样。同时还有系办公室电话,七位。别名 depart。

非功能需求:

(1)安全性:确保系统安全性,防止数据泄露和恶意攻击。

(2)可扩展性:能够在未来进行扩展,满足系统的不断发展需求。

(3)用户友好性:界面简洁明了,易于使用。

(4)可靠性:系统能够稳定运行,保证数据的完整性和准确性。

(5)高性能:系统能够快速响应用户请求,高效完成各项操作。

用户需求:

(1)教务处管理人员:能够对所有在校学生、课程、教师、班级和系进行管理,并且能够查询、修改学生成绩信息等。

(2)学生:能够查询自己的选课情况、每门课的成绩等信息。

(3)教师:能够查询自己所教授的课程信息,对学生成绩信息进行修改等操作。

系统限制:

(1)系统应该能够处理所有的学生、教师、课程、班级和系信息。

(2)系统应该能够支持同时多个用户的访问和操作。

(3)系统应该保护数据的完整性和准确性,防止数据泄露和恶意攻击。

(4) 系统应该具有足够的灵活性和可扩展性,便于未来的发展和扩展。

5.1.3 系统结构图

系统结构图如图 2.5.1 所示。

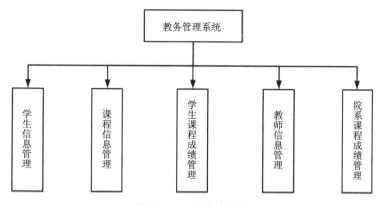

图 2.5.1 系统结构图

5.1.4 数据字典

数据字典通常包含数据项、数据结构、数据流、数据存储和处理过程 5 个部分,数据项是数据的最小组成单位,若干个数据项可以组成一个数据结构,数据字典可以通过对数据项和数据结构的定义来描述数据流、数据存储的逻辑内容。

1) 数据项

数据项是不可再分的数据单位,根据数据项描述的一般规范(数据项描述={数据项名、数据项含义说明、别名、数据类型、长度、取值范围、取值含义、与其他数据项的逻辑关系、数据项之间的联系})得出以下数据项表格,总共有 20 个数据项生成(表 2.5.1)。

表 2.5.1 数据项

编号	数据项	数据含义	别名	数据类型	长度	取值范围
1	工作证号(教师)	在校工作老师的编号,每位老师都有唯一的工作证号,可唯一标识一名老师	tno	char	6	0~9
2	姓名(教师)	人类为区分个体,给每个个体给定的特定的名称符号	tname	char	20	
3	姓名(学生)	人类为区分个体,给每个个体给定的特定的名称符号	sname	char	20	
4	学号	在校学生的编号,可以唯一标识一个学生	sno	char	11	0~9
5	性别	区分男生女生的名称符号	ssex	char	2	男、女
6	年龄	标记人类的出生时间	sage	Date		0~9

续表 2.5.1

编号	数据项	数据含义	别名	数据类型	长度	取值范围
7	班号	学校内班级的编号,可以唯一标识一个班级	classno	char	6	0~9
8	最低总学分	一个班级所有学生要修的最少学分的总和	lowcresum	int	4	0~9
9	系代号	学校中一个系的编号	dno	char	3	0~9
10	系名	学校中一个系的名称	dname	char	20	
11	系办公室电话	学校中一个系的联系电话	dtelenum	char	11	0~9
12	课序号	校内所开课程的编号	cno	char	5	0~9
13	课名	校内所开课程的编号	cname	char	20	
14	学分	用于计算学生学习量的数字	credit	int	2	0~9
15	先行课	学习一门课程需要的其他课程知识	cpno	int	2	0~9
16	成绩	表示学生学习某门课掌握程度的数字	grade	int	3	
17	所在系号（学生）	表示学生所在系	sdept	char	6	
18	所在系号（班级）	表示班级所属的系	cl_Dno	char	3	
19	所在系号（教师）	表示教师工作的系的系代号	tDno	char	3	
20	班主任工作证号	表示一个班级的班主任的工作证号	cl_Tno	char	6	

2)数据结构

数据结构反映了数据之间的组合关系,一个数据结构可以由若干个数据项组成,也可以由若干个数据结构组成,或由若干个数据项和数据结构混合组成。根据数据结构描述的一般规范(数据结构描述＝{数据结构名、含义说明、组成数据项:{数据项或数据结构}}),生成了 8 个数据结构:学生、课程、学生课程成绩、教师、系、班级、学生选课、教师授课(表 2.5.2)。

表 2.5.2 数据结构

编号	数据结构名	含义说明	组成
1	学生	正在学校、学堂或其他学习地方受教育的人	学号,姓名,性别,年龄,所在系
2	课程	学校学生所应学习的学科总和及其进程与安排	课程号,课名,学分,先行课
3	学生课程成绩	记录学生学号、所选课程号以及所获得的成绩（成绩可为空值）	学生学号,课程课号,成绩

续表 2.5.2

编号	数据结构名	含义说明	组成
4	教师	受过专门教育和训练的人,并在学校中担任教育教学工作的人	工作证号,教师姓名,所在系号
5	系	高等学校按专业性质设置的教学行政单位	系代号,系名,系办公室电话
6	班级	学校的基本单位,通常由一位或几位学科教师与一群学生共同组成	班号,最低总学分,所在系号,班主任工作证号
7	学生选课	记录学生学号、所选课程号以及所获得的成绩(成绩可为空值)	学生学号,课程课号,成绩
8	教师授课	记录教师工作证号、所教课程号	教师工作证号,所教课程号

3)数据流

数据流是数据结构在系统内传输的路径,根据数据流描述的一般规范(数据流描述={数据流名、说明、数据流量来源、数据流去向、组成:{数据结构}、平均流量、高峰期流量})生成数据流;"数据流来源"是说明该数据流来自哪个过程;"数据流去向"是说明该数据流将到哪个过程去;"平均流量"是指在单位时间里的传输次数;"高峰期流量"则是指在高峰期的数据流量(表 2.5.3)。

表 2.5.3 数据流

编号	数据流名	说明	数据流来源	数据流去向	组成	平均流量	高峰期流量
1	变更学生信息	修改、删除、更新和增加学生信息	变更信息(通过用户在系统上增加或者直接在数据库中进行更改)	学生信息	学生	500条	100条
2	变更课程信息	修改、删除、更新和增加课程信息	变更信息(通过用户在系统上增加或者直接在数据库中进行更改)	课程信息	课程	500条	100条
3	变更班级信息	修改、删除、增加学生信息	变更信息(通过用户在系统上增加或者直接在数据库中进行更改)	班级信息	班级	500条	100条
4	变更系信息	修改、删除、增加系信息	变更信息(通过用户在系统上增加或者直接在数据库中进行更改)	系信息	系	500条	100条

续表 2.5.3

编号	数据流名	说明	数据流来源	数据流去向	组成	平均流量	高峰期流量
5	变更学生课程成绩信息	修改、删除、更新和增加学生课程成绩信息	变更信息（通过用户在系统上增加或者直接在数据库中进行更改）	学生课程成绩信息	学生课程成绩	500条	100条
6	变更教师信息	修改、删除、更新和增加教师信息	变更信息（通过用户在系统上增加或者直接在数据库中进行更改）	教师信息	教师	500条	100条
7	查询学生信息	查询指定学生的基本信息	学号	学生信息	学生	500条	50条
8	查询课程信息	查询指定课程的基本信息	课程号	课程信息	课程	500条	50条
9	查询学生课程成绩信息	查询指定学生的课程成绩信息	学生课程成绩	学生课程成绩信息	学生课程成绩	500条	50条
10	查询系信息	查询指定系的基本信息	系代号	系信息	系	100条	50条
11	查询班级信息	查询指定班级的基本信息	班号	班级信息	班级	100条	50条
12	查询教师信息	查询指定教师的基本信息	教师	教师信息	教师	500条	50条
13	录入学生成绩	教师给出学生修读课程的成绩	学号、课程号	学生课程成绩信息	学生课程成绩	200条	80条
14	学生选课情况	学生选择培养方案要求的课程	学号、开课表中课程信息	学生选课信息		200条	100条
15	查询学生选课情况	查看学生所选课程	学号	学生选课信息		200条	100条
16	查询学生学分	查看学生学分情况	学号	学生学分情况		200条	100条
17	查询教师授课情况	查看教师需要上的课	工作证号	教师上课信息		200条	100条

4）数据存储

数据存储是数据结构停留或保存的地方，也是数据流的来源和去向之一。它可以是手工文档或手工凭单，也可以是计算机文档（表2.5.4）。

表 2.5.4 数据存储

编号	数据存储名	说明	输入的数据流	输出的数据流	组成	数据量	存取频度	存取方式
1	学生信息基本表	说明学生学号、姓名、性别、年龄、所在系等基本信息的信息表	学生的各项基本信息	学生信息	学生	32G	每月2次	信息录入、联机处理
2	课程信息表	说明课程的序号、课名、学分、先行课等的信息表	课程的各项基本信息	课程信息	课程	8G	每月2次	信息录入、联机处理
3	选课情况记录表	包含选课学生学号、所选课程代号、成绩等的信息表	选课情况的各项基本信息	选课情况信息	学号、课程号、成绩(可为空值)	16G	每月2次	信息录入、联机处理
4	系基本信息表	说明系的名称、代号、拥有班级数、拥有学生数、拥有教师数、系办公室电话等的信息表	系的各项基本信息	系基本信息	系	4G	每年2次	信息录入、联机处理
5	班级基本信息表	说明班级班号、最低总学分、拥有学生数等的信息表	班级的各项基本信息	班级基本信息	班级	4G	每年2次	信息录入、联机处理
6	教师信息表	说明教师工作证号、姓名、职称、电话、工作院系等的信息表	教师的各项基本信息	教师信息	教师	8G	每半年一次	信息录入、联机处理
7	教师授课表	说明教师所开课程以及课程的上课教师	教师号和课程号	教师授课信息	教师工作证号、课程号	8G	每学期一次	信息录入、联机处理

5)处理过程

处理过程如表 2.5.5 所示。

表 2.5.5 处理过程

编号	处理过程名	说明	输入	输出	处理
1	学生成绩查询	查询指定学生成绩	终端	选课情况记录表	按终端输入的学号在选课情况记录表中找到指定学生,并返回该生对应课程的成绩
2	学生学分查询	查询指定学生学分	终端	选课情况记录表、课程信息表	按终端输入的学号在选课情况记录表中找到该生所修的全部课程,再在课程信息表中查询各门课程的学分,并求和返回
3	查询学生选课情况	查询指定学生的选课情况	终端	选课情况记录表	按终端输入的学号在选课情况记录表中查询该生选课情况
4	信息更新处理	更新已有信息	终端	对应信息表	找到已有信息,并按终端指示更新信息
5	选课	学生选择自己要上的课	终端、课程开课表	选课情况记录表	将终端输入的学号,以及所选择的已开课程存储到选课情况记录表中
6	系信息查询	查询指定系基本信息	终端	系基本信息表	按终端输入的系代号在系基本信息表中找到指定系,并返回所需信息
7	班级信息查询	查询指定班级基本信息	终端	班级基本信息表	按终端输入的班号在班级基本信息表中找到指定班级,并返回所需信息
8	教师授课查询	查询指定老师教授的所有课程	终端	课程开课表	按终端输入的教师工作证号在教师授课表中查询到课程号,再依据课程号在课程信息表中查找相关课程信息
9	信息录入处理	各种信息录入系统	终端	对应的信息表	将终端输入的信息存到对应的表中
10	信息更新处理	更新已有信息	终端	对应信息表	找到已有信息,并按终端指示更新信息

5.1.5 数据流图

1)一级数据流图

教务管理系统总数据流图如图 2.5.2 所示。

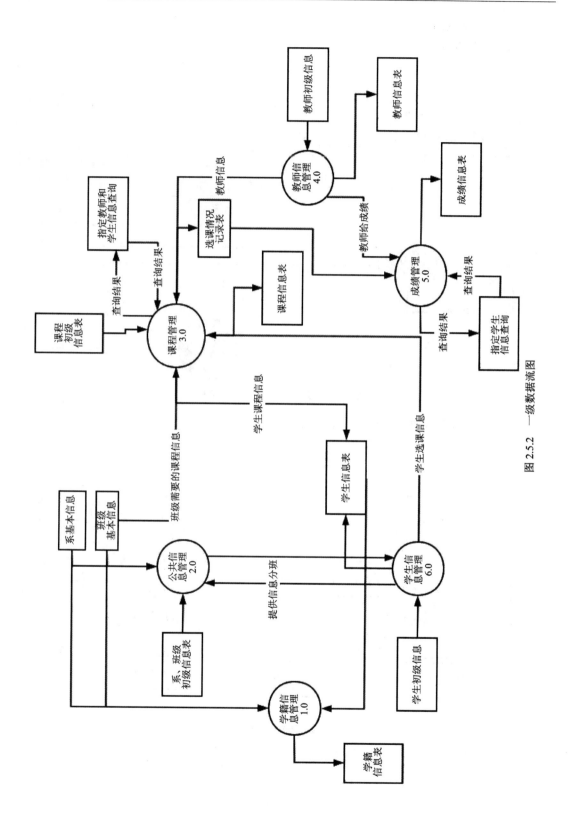

图 2.5.2 一级数据流图

2)二级数据流图

(1)公共信息管理数据流图如图2.5.3所示。

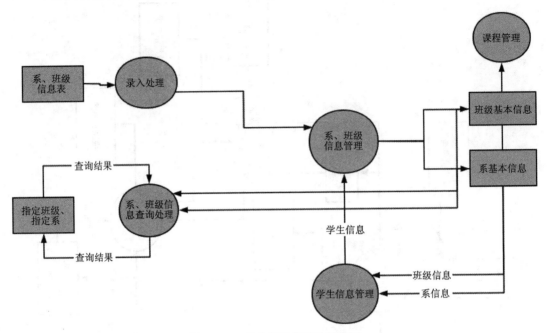

图 2.5.3　公共信息管理数据流图

(2)课程管理数据流图如图2.5.4所示。

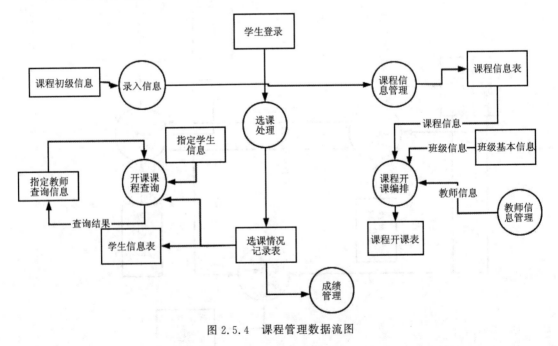

图 2.5.4　课程管理数据流图

(3)成绩管理数据流图如图2.5.5所示。

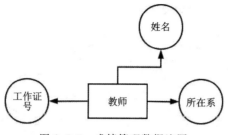

图 2.5.5 成绩管理数据流图

5.2 概念设计

5.2.1 分 E-R 图

(1)学生表分 E-R 图如图 2.5.6 所示。

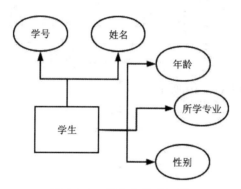

图 2.5.6 学生表分 E-R 图

(2)课程表分 E-R 图如图 2.5.7 所示。

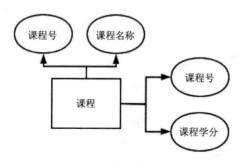

图 2.5.7 课程表分 E-R 图

(3)学生课程成绩分 E-R 图如图 2.5.8 所示。

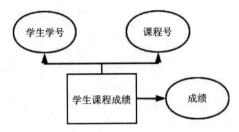

图 2.5.8　学生课程成绩分 E-R 图

(4)教师表分 E-R 图如图 2.5.9 所示。

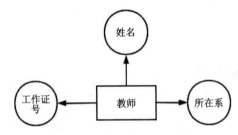

图 2.5.9　教师表分 E-R 图

(5)系表分 E-R 图如图 2.5.10 所示。

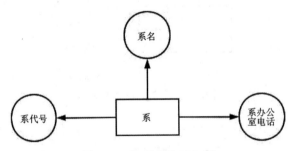

图 2.5.10　系表分 E-R 图

(6)班级表分 E-R 图如图 2.5.11 所示。

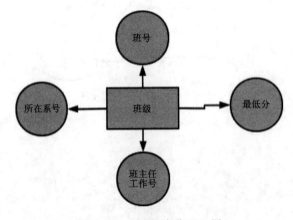

图 2.5.11　班级表分 E-R 图

5.2.2 局部 E-R 图

(1)一个系的局部 E-R 图如图 2.5.12 所示。

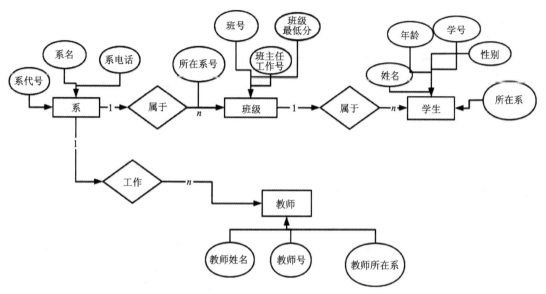

图 2.5.12 一个系的局部 E-R 图

消除冗余后的分 E-R 图如图 2.5.13 所示。

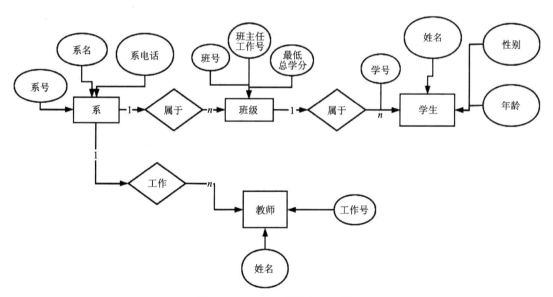

图 2.5.13 一个系的分 E-R 图

(2)教师与班级的局部 E-R 图如图 2.5.14 所示。

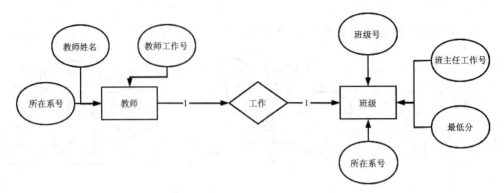

图 2.5.14 教师与班级的局部 E-R 图

消除冗余后的分 E-R 图如图 2.5.15 所示。

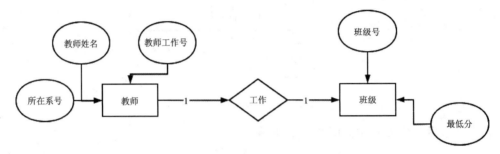

图 2.5.15 教师与班级的分 E-R 图

5.2.3 总 E-R 图

优化后的总 E-R 图如图 2.5.16 所示。

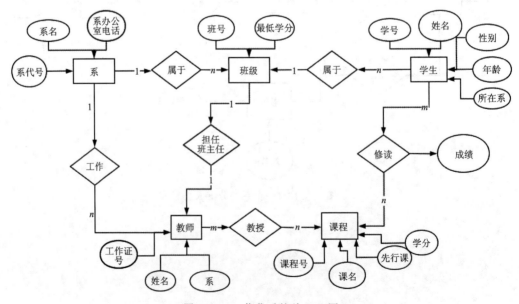

图 2.5.16 优化后的总 E-R 图

5.3 逻辑结构设计

5.3.1 E-R 图向关系模型的转换

1）实体间的联系分析

(1)系和班级间的联系是 1∶N 的联系,可以转换为一个独立的关系模式,也可以与 N 端对应的关系模式合并。这里选择将该联系与 N 端对应的关系模式合并,则在班级实体中加一个"所在系号"的属性。

(2)班级和学生间的联系是 1∶N 的联系,可以转换为一个独立的关系模式,也可以与 N 端对应的关系模式合并。这里选择将该联系与 N 端对应的关系模式合并,则在学生实体中加一个"所在班号"的属性。

(3)系与教师间的联系是 1∶N 的联系,可以转换为一个独立的关系模式,也可以与 N 端对应的关系模式合并。这里选择将该联系与 N 端对应的关系模式合并,则在教师实体中加一个"所在系号"的属性。

(4)班级与教师间的联系为 1∶1 的联系,可以转换为一个独立的关系模式,也可以与任意一端对应的关系模式合并。这里选择与班级对应的关系模式合并,则需要在班级关系模式中加入教师关系模式的码,以及在班级实体中加入一个"班主任工作证号"属性。

(5)学生与课程间的联系为 $M∶N$ 的联系,需要转换成一个关系模式,与该联系相连的各实体的码及联系本身的属性均转换为关系的属性,各实体的码组成关系的码或关系码的一部分。在这里,建立一个学生课程关系模式,将学号和课程号作为该关系模式的主码,成绩也是该关系模式的一个属性,即学生课程(学号,课程号,成绩)。

(6)教师与课程间的联系为 $M∶N$ 的联系,需要转换成一个关系模式,与该联系相连的各实体的码及联系本身的属性均转换为关系的属性,各实体的码组成关系的码或关系码的一部分。在这里,建立一个教师课程关系模式,将教师工作证号和课程号作为该关系模式的主码,即教师课程(工作证号,课程号)。

2）关系模式

(1)学生表(学号,学生姓名,性别,年龄,学生所在系)。

代码表示:Student(sno,sname,ssex,sage,sdept)

在此关系模式中,U={sno,sname,ssex,sage,sdept}

F={sno→sname,sno→ssex,sno→sage,sno→sdept}

因为 sno→{sno,sname,ssex,sage,sdept},所以 sno 为关系模式的主码

因此该关系模式为 Student(sno,sname,ssex,sage,sdept)

(2)教师表(教师工作号,教师姓名,教师所在系号)。

代码表示:Teacher(tno,tname,tDno)

在此关系模式中,U={tno,tname,tDno}

F={tno→tname,tno→tDno}

因为 tno→(tno,tname,tDno),所以 tno 为关系模式的主码

因此该关系模式为 Teacher(tno,tname,tDno)

(3)系表(系代号,系名,系办公室电话)。

代码表示：dept(dno,dname,dtelenum)

在此关系模式中,U={dno,dname,dtelenum}

F={dno→dname,dno→dtelenum}

因为 dno→{dno,dname,dtelenum}

因此该关系模式为 dept(dno,dname,dtelenum)

(4)班级表(班号,最低总学分,所属系号,班主任工作证号)。

代码表示：Class(classno,lowcresum,cl_Dno,cl_Tno)

在此关系模式中,U={classno,lowcresum,cl_Dno,cl_Tno}

F={classno→lowcresum,classno→cl_Dno,classno→cl_Tno}

因为 classno→{classno,lowcresum,cl_Dno,cl_Tno}

因此该关系模式为 Class(classno,lowcresum,cl_Dno,cl_Tno)

(5)课程表(课序号,课程名称,课程学分,先行课)。

代码表示：Course(cno,cname,credit,cpno)

在此关系模式中,U={cno,cname,credit,cpno}

F={cno→cname,cno→credit,cno→cpno}

因为 cno→{cno,cname,credit,cpno}

因此该关系模式为

Course(cno,cname,credit,cpno)

(6)课程成绩表(学号,课序号,成绩)。

代码表示：sc(sno,cno,grade)

在此关系模式中,U={sno,cno,grade}

F={(sno,cno)→grade}

因为(sno,cno)→{sno,cno,grade}

因此该关系模式为 sc(sno,cno,grade)

(7)教师课程表(教师工作证号,课序号)。

代码表示：tc(tno,cno)

在此关系模式中,U={tno,cno}

F={(tno,cno)→tno,(tno,cno)→cno}

因为(tno,cno)→{tno,cno}

因此该关系模式为

tc(tno,cno)

5.3.2 数据模型的优化

总表(EM)三范式无损连接、保持依赖：

EM(sno, sname, ssex, sage, sdept, tno, tname, tDno, dno, dname, dielenum, classno, lowcresum, cl_Dno, cl_Tno, cno, cname, credit, cno, grade)

F={sno→sname, sno→ssex, sno→sage, sno→sdept, tno→tname, tno→tDno, dno→dname, dno→dtelenum, classno→lowcresum, classno→cl_Dno, classno→cl_Tno, cno→

scname,cno→credit,cno→cpno,(sno,cno)→grade)

去掉多余依赖：

若去掉

sno→sname,(sno)+'=(ssex,sage,sdept,…,grade)！=(sno)+=(sname,ssex,sage,sdept,…,grade),因此 sno→sname 不可去掉。

若去掉

sno→ssex,(sno)+'=(sname,sage,sdept,…,grade)！=(sno)+=(sname,ssex,sage,sdept,…,grade),因此 sno→ssex 不可去掉。

若去掉

sno→sage,(sno)+'=(sname,ssex,sdept,…,grade)！=(sno)+=(sname,ssex,sage,sdept,…,grade),因此 sno→ssex 不可去掉。

若去掉

sno→sdept,(sno)+'=(sname,ssex,sage,…,grade)！=(sno)+=(sname,ssex,sage,sdept,…,grade),因此 sno→sept 不可去掉。

若去掉

tno→tname,(tno)+'=(sno,sname,…,dno,…,grade)！=(tno)+=(sno,sname,…,tDno,dno,…,grade),因此不可去掉 tno→tname。

若去掉

tno→tDno,,(tno)+'=(sno,sname,…,tname,dno,…,grade)！=(tno)+=(sno,sname,…,tDno,dno,…,grade),因此不可以去掉 tno→tDno。

若去掉

dno→dname,(dno)+'=(sno,…,dtelenum,classno,…grade)！=(dno)+=(smo,…,dname,dtelenum,…,grade),因此不可去掉 dno→dname。

若去掉

dno→deelenum,(dno)+'=(sno,sname,…,dname,classno,…,grade)！=(dno)+=(sno,sname,…,dname,dtelenum,…,grade),因此不可去掉 dno→dtelenum。

若去掉

classno→lowcresum,(classno)+'=(sno,sname,…,cl_Dno,cl_Tno,…,grade)！=(classno)+=(sno,sname,…,lowcresum.cl_Dno,cl_Tno,…,grade),因此不可去掉 classno→lowcresum。

若去掉

classno→cl_Dno,(Classno)+'=(sno,sname,…,lowcresum,cl_Tno,…,grade)！=(classno)+=(sno,sname,…,lowcresum,cl_Dno,cl_Tno,…,grade),因此不可去掉 classno→cl_Dno。

若去掉

classno→cl_Tno,(classno)+'=(sno,sname,…,lowcresum,cl_Dno,cno,…,grade)！=(classno)+=(sno,sname,…,lowcresum,cl_Dno,cl_Tno,…,grade),因此不可去掉 classno→cl_Tno。

若去掉

cno→cname,(cno)+'=(sno,sname,…,credit,cpno,grade)!=(cno)+=(sno,sname,…,cname,credit,cpno,grade),因此不可去掉 cno→cname。

若去掉

cno→credit,(cno)+'=(sno,sname,…,cname,cpno,grade)!=(cno)+=(sno,sname,…,cname,credit,cpno,grade),因此不可去掉 cno→credit。

若去掉

cno→cpno,(cno)+'=(sno,sname,…,cname,credit,grade)!=(cno)+=(sno,sname,…,cname,credit,cpno,grade),因此不可去掉 cno→cpno。

若去掉

(sno,cno)→grade,(sno,cno)+'=(sname,…,cname,credit,cpno)!=(sno,cno)+=(sname,…,cno,cname,credit,cpno,grade),因此不可去掉(sno,cno)→grade。

因此总的关系模式的最小依赖集为

F={sno→sname,sno→ssex,sno→sage,sno→sdept,tno→tname,tno→tname,tno→tDno,dno→dname,dno→dtelemum,classno→lowcresum,classno→cl_Dno,classno→cl_Tno,cno→cname,cno→credit,cno→cpno,(sno,cno)→grade}

去掉左边多余属性。

这里只有一个存在,即(sno,cno)→grade 对此,若去掉 sno,则(cno)+'=(cname,credit,cpno,grade)原来的(cno)+=(cname,credit,cpno),两者不等价,则 sno 不冗余.

若去掉 cno,(sno)+'=(sname,ssex,sage,sdept,grade)

原来的(sno)+=(sname,ssex,sage,sdept),两者不等价,则 cno 不冗余。

综上所述,EM 中没有存在部分依赖和传递依赖,且主属性对码也没有部分依赖和传递依赖,因此 EM 满足 BCNF。

对于分表的模型优化:

(1)学生表(学号,学生姓名,性别,年龄,学生所在系)。

代码表示:Student(sno,sname,ssex,sage,sdept)

U={sno,sname,ssex,sage,sdept}

F={sno→sname,sno→ssex,sno→sage,sno→sdept}

此时(sno)+={sname,ssex,sage,sdept}

若去掉 sno→sname,(sno)+'={ssex,sage,sdept}!=(sno)+,因此 sno→sname 不可去掉。

若去掉 sno→ssex,(sno)+'={sname,sage,sdept}!=(sno)+,因此 sno→ssex 不可去掉。

若去掉 sno→sage,(sno)+'={sname,ssex,sdept}!=(sno)+,因此 sno→sage 不可去掉。

若去掉 sno→sdept,(sno)+'={sname,ssex,sage}!=(sno)+,因此 sno→sdept 不可去掉。

因此该关系模式的最小依赖集为

F={sno→sname,sno→ssex,sno→sage,sno→sdept}

考察该关系模式,它只有一个码 sno,这里没有任何属性对 sno 部分依赖或传递依赖,所以 Student 满足 3NF。同时 sno 是唯一的决定因素,所以 Student 满足 BCNF。

(2)教师表(教师工作号,教师姓名,教师所在系号)。

代码表示：Teacher(tno,tname,tDno)

U＝{tno,tname,tDno}

F＝{tno→tname,tno→tDno}

此时(tno)+＝{tname,tDno}

若去 tTno→tname,(tno)+'＝{tDno}！＝(sno)+,因此 tno→tname 不可去掉。

若去掉 tno→tDno,(tno)+'＝{tname}！＝(sno)+,因此 tno→tDno 不可去掉。

因此该关系模式的最小依赖集为

F＝{tno→tname,tno→tDno}

考察该关系模式，它只有一个码 tno，这里没有任何属性对 tno 部分依赖或传递依赖，所以 teacher 满足 3NF。同时 tno 是唯一的决定因素，所以 teacher 满足 BCNF。

(3) 系表（系代号，系名，系办公室电话）。

代码表示：dept(dno,dname,dtelenum)

U＝{dno,dname,dtelenum}

F＝{dno→dname,dno→dtelenum}

此时,(dno)+＝{dname,dtelenum}

若去掉 dno→dname,(dno)+'＝{dtelenum}！＝(dno)+因此 dno→dname 不可去掉。

若去掉 dno→dtelenum,(dno)+'＝{dname}！＝(dno)+因此 dno→dtelenum 不可去掉。

因此该关系模式的最小依赖集为

F＝{dno→dname,dno→dtelenum}

考察该关系模式，它只有一个码 dno，这里没有任何属性对 dno 部分依赖或传递依赖，所以 dept 满足 3NF。同时 dno 是唯一的决定因素，所以 dept 满足 BCNF。

(4) 班级表（班号，最低总学分，所属系号，班主任工作证号）。

代码表示：Class(classno,lowcresum,cl_Dno,cl_Tno)

U＝{classno,lowcresum,cl_Dno,cl_Tno}

F＝{classno→lowcresum,classno→cl_Dno,classno→cl_Tno}

此时,(classno)+＝{lowcresum,cl_Dno,cl_Tno}

若去掉 classno→lowcresum,(classno)+'＝{cl_Dno,cl_Tno}！＝(classno)+因此 classno→lowcresum 不可去掉。

若去掉 classno→cl_Dno,(classno)+'＝{lowcresum,cl_Tno}！＝(classno)+因此 classno→cl_Dno 不可去掉。

若去掉 classno→cl_Tno,(classno)+'＝{cl_Dno,lowcresum}！＝(classno)+因此 classno→lowcresum 不可去掉。

因此该关系模式的最小依赖集为

F＝{classno→lowcresum,classno→cl_Dno,classno→cl_Tno}

考察该关系模式，它只有一个码 classno，这里没有任何属性对 classno 部分依赖或传递依赖，所以 Class 满足 3NF。同时 classno 是唯一的决定因素，所以 Class 满足 BCNF。

(5) 课程表（课序号，课程名称，课程学分，先行课）。

代码表示：Course(cno,cname,credit,cpno)

U＝{cno,cname,credit,cpno}

F＝{cno→cname,cno→credit,cno→cpno}

此时,(cno)+＝{cname,credit,cpno}

若去掉 cno→cname,(cno)+'＝{credit,cpno}！＝(cno)+因此 cno→cname 不可去掉。

若去掉 cno→credit,(cno)+'＝{cname,cpno}！＝(cno)+因此 cno→credit 不可去掉。

若去掉 cno→cpno,(cno)+'＝{cname,credit}！＝(Cno)+因此 cno→ctime 不可去掉。

因此该关系模式的最小依赖集为

F＝{cno→cname,cno→credit,cno→cpno}

考察该关系模式,它只有一个码 cno,这里没有任何属性对 cno 部分依赖或传递依赖,所以 Course 满足 3NF。同时 cno 是唯一的决定因素,所以 Course 满足 BCNF。

(6)课程成绩表(学号,课序号,成绩)。

代码表示:sc(sno,cno,grade)

U＝{sno,cno,grade}

F＝{(sno,cno)→grade}

此时,(sno,cno)+＝{grade}

若去掉(sno,cno)→grade,(sno,cno)+'＝(sno,cno)+因此(sno,cno)→Grade 不可去掉。

因此该关系模式的最小依赖集为

F＝{(sno,cno)→grade}

考察该关系模式,它只有一个码(sno,cno),这里没有任何属性对(sno,cno)部分依赖或传递依赖,所以 sc 满足 3NF。而且主属性对码(sno,cno)也无部分依赖和传递依赖,所以 sc 满足 BCNF。

(7)教师课程表(教师工作证号,课序号)。

代码表示:tc(tno,cno)

U＝{tno,cno}

F＝{(tno,cno)→tno,(tno,cno)→cno}

此关系模式中不包含非主属性,则至少满足 3NF。而且主属性对码无部分依赖和传递依赖,所以 tc 满足 BCNF。

5.3.3 设计用户子模式

用户子模式的建立,其目的是方便用户的查询,并起到了一定的保护数据库的作用,视图的建立应根据具体的应用情况,根据用户的需求,进行相应的视图建立,建立视图的原则应在尽量满足用户需求的前提下进行,并同时保护其他数据的安全性,增强保密性。

根据需求分析可以得知,我们需要进行系信息查询(有哪些系、系代号、系名称等)、班级信息查询(班级号、班主任号、所属系号、班主任号)、教师信息查询(教师名称、教师工作号、教师所在系)、学生信息查询(学生号、姓名、年龄、性别等)、课程信息查询(课程号、学分、先行课)。

1)系信息(系代号、学生数、学生名单)

从系、班级、学生基本表中导出。

SQL 语句:

```
Create view Depart_infor(dno,sno,StudentList)
As
Select Dno,Sno,Sname
From Dept,Class,Student
Where S_Clno=Classno and Cl_Dno=Dno;
```

2)班级信息(班号、学生数、学号、学生名单)

从班级、学生基本表中导出。

SQL 语句:

```
Create view Class_infor(Classno,Sno,StudentList)
As
Select Classno,Sno,Sname
From Class,Student
Where Classno=S_Clno;
```

3)教师授课情况查询视图(教师号、教师名、课程号、课程名、上课时间,名额)

从教师基本表、教师课程表和课程基本表中查询。

SQL 语句:

```
Create view TeacherClass
As
Select Teacher.Tno,Tname,TC.Cno,Cname,Ctime,Cstunum,CspaceNum
From Teacher,TC,Course
Where Teacher.Tno= TC.Tno and TC.Cno= Course.Cno;
```

4)学生选课情况查询视图(学号、姓名、课程号、课程名、学分、上课时间、成绩)

从学生基本表、SC 表和课程基本表中导出。

SQL 语句:

```
Create view StudentClass
As
Select Student.Sno,Sname,SC.Cno,Cname,Credit,Ctime,rade
From Student,SC,Course
Where Student.Sno=Sc.Sno and SC.Cno=Course.Cno;
```

5.4 物理设计

5.4.1 基本表及 SQL 语句

(1)学生表(Student)如表 2.5.6 所示。

表 2.5.6 学生表

属性中文名	属性名	类型	长度	说明
学号	sno	char	11	主码,不可取空值,不可重复,每一位取值 0~9
姓名	sname	char	20	姓名可重复
性别	ssex	char	2	只能在"男""女"间取值

续表 2.5.6

属性中文名	属性名	类型	长度	说明
年龄	sage	Date		
所在系号	sdept	char	6	

SQL 语句：

```
"Create table Student
(sno char(11) primary key,
  sname char(20),
  ssex char(2),
  sage Date,
  sdept char(6),
 );"
```

(2) 教师表(Teacher) 如表 2.5.7 所示。

表 2.5.7 教师表

属性中文名	属性名	类型	长度	说明
工作证号	tno	char	6	主码,不能取空值,不能重复,每位取值在 0~9
姓名	tname	char	20	姓名可以重复
所在系号	tDno	char	3	外码,参考 Dept 表的 Dno

SQL 语句：

```
"Create table Teacher
(tno char(6) primary key,
  tname char(20),
  tDno char(3),
 );"
```

(3) 系表(Dept) 如表 2.5.8 所示。

表 2.5.8 系表

属性中文名	属性名	类型	长度	说明
系代号	dno	char	3	主码,不能取空值,不能重复,每位取值 0~9
系名	dname	char	20	
系办公室电话	dtelenum	char	11	每位取值 0~9

SQL 语句：

```
"Create table dept
(dno char(3) primary key,
  dname char(20),
  dtelenum char(11),
);"
```

(4) 班级表(Class) 如表 2.5.9 所示。

表 2.5.9 班级表

属性中文名	属性名	类型	长度	说明
班号	classno	char	6	主码,不能取空值,不能重复,每位取值 0~9
最低总学分	lowcresum	int		
所属系号	cl_Dno	char	3	外码,参考 Dept 表的 Dno
班主任工作证号	cl_Tno	char	6	外码,参考 Teacher 表的 Tno

SQL 语句:

```
"Create table Class
(classno char(6) primary key,
 lowcresum int(4),
 cl_Dno char(3),
 cl_Tno char(6),
 Foreign key (cl_Dno) references dept(dno),
 Foreign key (cl_Tno) references Teacher(tno)
);"
```

(5)课程表(Course)如表 2.5.10 所示。

表 2.5.10 课程表

属性中文名	属性名	类型	长度	说明
课序号	cno	char	5	主码,不能取空值,不能重复,每位取值 0~9
课名	cname	char	20	
学分	credit	int		
先行课	cpno	int	5	

SQL 语句:

```
"Create table Course
(cno char(5) primary key,
 cname char(20),
 credit int,
 cpno int,
);"
```

(6)选课情况表(sc)如表 2.5.11 所示。

表 2.5.11 选课情况表

属性中文名	属性名	类型	长度	说明
学号	sno	char	11	共同作为主码,不可取空值,不同记录的这两个值不能同时一样,Sno 是外码,参照表 Student; Cno 是外码,参照表 Course
课序号	cno	char	5	
成绩	grade	int	3	可以取空值,取值在 0~100 之间

SQL 语句：

```
"Create table SC
(sno char(11),
 cno char(5),
 grade int,
 Primary key(sno,cno),
 Foreign key (sno) references Student(sno),
 Foreign key (cno) references Course(cno)
);"
```

(7)教师课程表(tc)如表 2.5.12 所示。

表 2.5.12　教师课程表

属性中文名	属性名	类型	长度	说明
工作证号	tno	char	6	共同作为主码不可取空值,不同记录的这两个值不能同时一样,tno 是外码,参照表 Teacher；cno 是外码,参照表 Course
课程号	cno	char	5	

SQL 语句：

```
"Create table TC
(tno char(6),
 cno char(5),
 Primary key(tno,cno),
 Foreign key (tno) references Teacher(tno),
 Foreign key (cno) references Course(cno)
);"
```

5.4.2　SQL 语句索引

(1)各种查询的 SQL 语句。

①查询系内人数。

```
select Dno,count(Sno)
from Depart_infor
group by Depart_infor.Dno
having Dno=xx;
```

②查询系内学生名单。

```
select Dno,StudentList
from Depart_infor
where Dno=11;
```

③查询班级人数。

```
select Classno,count(Sno)
from Class_infor
group by Classno
having Classno =xx;
```

④查询班级学生名单。
```
select Classno,StudentList
from Class_infor
where Classno =xx;
```
⑤查询指定学生的学分。
```
select Sno,sum(Credit)
from StudentClass
group by Sno
having Sno=xx;
```
⑥查询指定学生成绩。
```
select Sno,Grade
from dbo.StudentClass
where Sno=20121002345;
```
⑦查询指定教师授课情况。
```
select *
from TeacherClass
where Tno=xx;
```
⑧查询指定学生的选课情况。
```
Select *
From StudentClass
Where Sno=XX;
```

(2)索引设计。

为提高查询效率,在经常查询的基本表上建立索引,如下:

①Create unique index Deptdno on Dept(Dno)。
②Create unique index ClassClno on Class(Classno)。
③Create unique index StuSno on Student(Sno)。
④Create unique index TeaTno on Teacher(Tno)。
⑤Create unique index CourCno on Course(Cno)。
⑥Create unique index SCno on SC(Sno ASC,Cno DESC)。
⑦Create unique index TCno on TC(Tno ASC,Cno DESC)。

5.5 系统实施与系统维护

5.5.1 DBMS & 开发语言的选择

(1)数据库选择使用 MySQL。
(2)开发语言选择的是 Java。
(3)用 IntelliJ IDEA 2021.3.1 软件编辑 Java。

5.5.2 数据的载入

整个系统有 7 张表,学生表、教师表、系表、班级表、课程表、课程成绩表、教师课程表。

1）学生表数据载入

```
INSERT INTO `st`.`student` (`sno`,`sname`,`ssex`,`sage`,`sdept`) VALUES ('2021580','小红','女','18','遥感');
INSERT INTO `st`.`student` (`sno`,`sname`,`ssex`,`sage`,`sdept`) VALUES ('2021687','小刚','男','26','遥感');
INSERT INTO `st`.`student` (`sno`,`sname`,`ssex`,`sage`,`sdept`) VALUES ('20211579','小蓝','男','20','遥感');
```

2）教师表数据载入

```
INSERT INTO `st`.`teacher` (`tno`,`tname`,`tposition`,`phone`,`T_Dno`) VALUES ('20210','李老师','教授','159632','11');
INSERT INTO `st`.`teacher` (`tno`,`tname`,`tposition`,`phone`,`T_Dno`) VALUES ('20211','张老师','教授','147854','22');
```

3）系表数据载入

```
INSERT INTO `st`.`dept` (`dno`,`dname`,`dtelenum`) VALUES ('11','遥感','12345678');
INSERT INTO `st`.`dept` (`dno`,`dname`,`dtelenum`) VALUES ('22','测绘','14732583');
```

4）班级表数据载入

```
INSERT INTO `st`.`class` (`classno`,`lowcresum`,`cl_Dno`,`cl_Tno`) VALUES ('113211','400','11','20210');
INSERT INTO `st`.`class` (`classno`,`lowcresum`,`cl_Dno`,`cl_Tno`) VALUES ('114211','390','22','20211');
```

5）课程表数据载入

```
INSERT INTO `st`.`course` (`cno`,`cname`,`cpno`,`ccredit`) VALUES ('1','物理','2','4');
INSERT INTO `st`.`course` (`cno`,`cname`,`cpno`,`ccredit`) VALUES ('2','英语','4','5');
INSERT INTO `st`.`course` (`cno`,`cname`,`cpno`,`ccredit`) VALUES ('8','篮球','2','1');
```

6）课程成绩表数据载入

```
INSERT INTO `st`.`sc` (`sno`,`cno`,`grade`) VALUES ('2021687','1','80');
INSERT INTO `st`.`sc` (`sno`,`cno`,`grade`) VALUES ('2021580','1','85');
INSERT INTO `st`.`sc` (`sno`,`cno`,`grade`) VALUES ('2021687','2','89');
INSERT INTO `st`.`sc` (`sno`,`cno`,`grade`) VALUES ('2021580','2','90');
```

7）教师课程表数据载入

```
INSERT INTO `st`.`tc` (`tno`,`cno`) VALUES ('20210','1');
INSERT INTO `st`.`tc` (`tno`,`cno`) VALUES ('20211','2');
```

5.6 系统运行结果

5.6.1 系统登录

系统登录界面如图 2.5.17 所示。

5.6.2 密码信息管理

登录密码信息管理界面，需要在浏览器中登录，如图 2.5.18 所示。

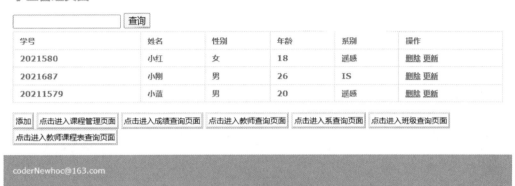

图 2.5.17　系统登录界面

图 2.5.18　在浏览器中登录

5.6.3　教务系统管理

（1）学生管理页面如图 2.5.19 所示。

图 2.5.19　学生管理页面

(2)添加学生信息界面。点击"添加",能够加入学生的信息,如图 2.5.20 所示。

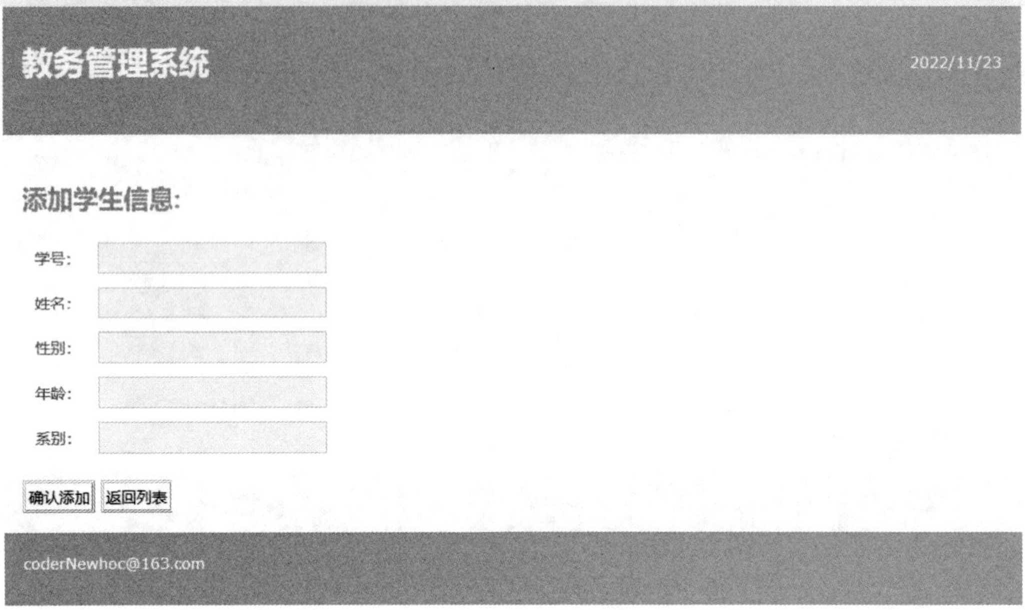

图 2.5.20　添加学生信息界面

(3)课程管理页面如图 2.5.21 所示。

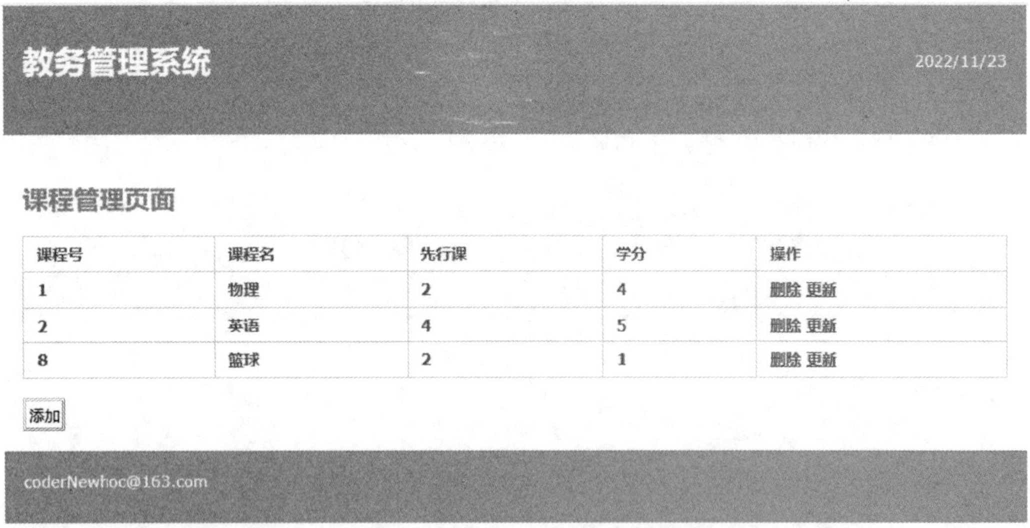

课程号	课程名	先行课	学分	操作
1	物理	2	4	删除 更新
2	英语	4	5	删除 更新
8	篮球	2	1	删除 更新

图 2.5.21　课程管理页面

(4)添加课程信息界面。点击"添加",能够直接在网页添加课程信息,如图 2.5.22 所示。

图 2.5.22　添加课程信息界面

(5)成绩管理页面如图 2.5.23 所示。

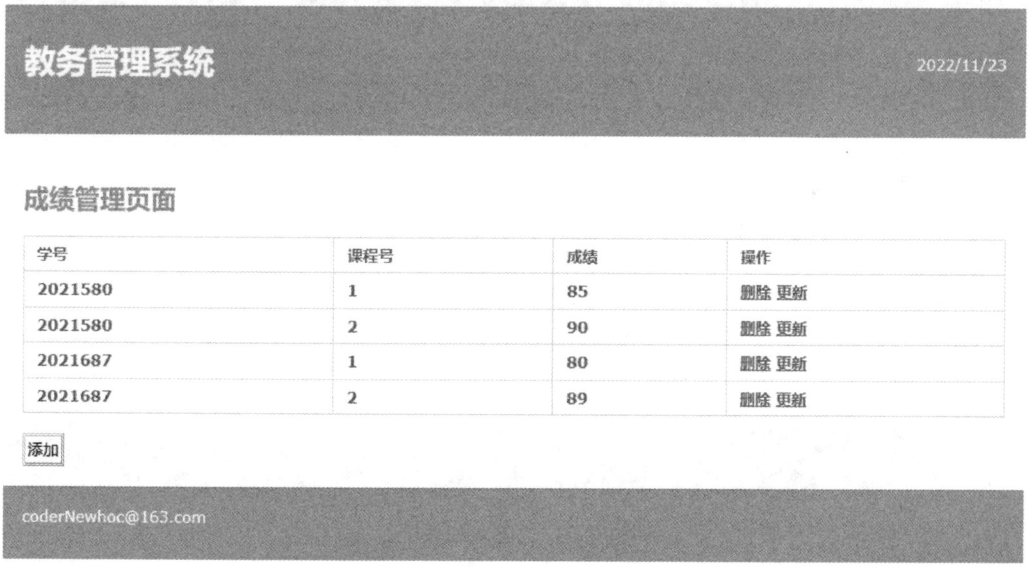

图 2.5.23　成绩管理页面

(6)添加成绩信息界面。点击"添加",能够及时更新成绩信息,如图 2.5.24 所示。

图 2.5.24　添加成绩信息页面

(7)教师管理页面如图 2.5.25 所示。

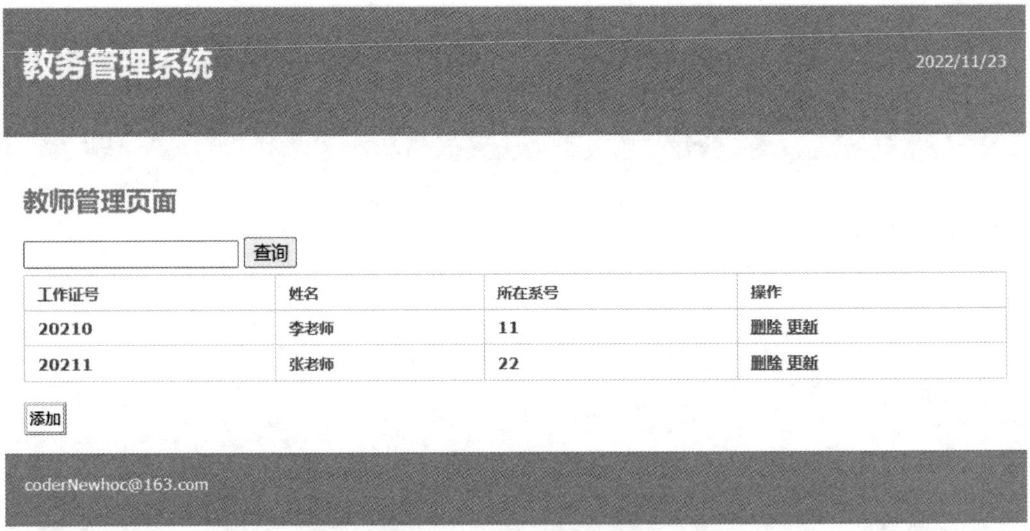

图 2.5.25　教师管理页面

(8)添加教师信息界面。点击"添加",能够添加教师的信息,如图 2.5.26 所示。

图 2.5.26　添加教师信息界面

(9)系管理页面如图 2.5.27 所示。

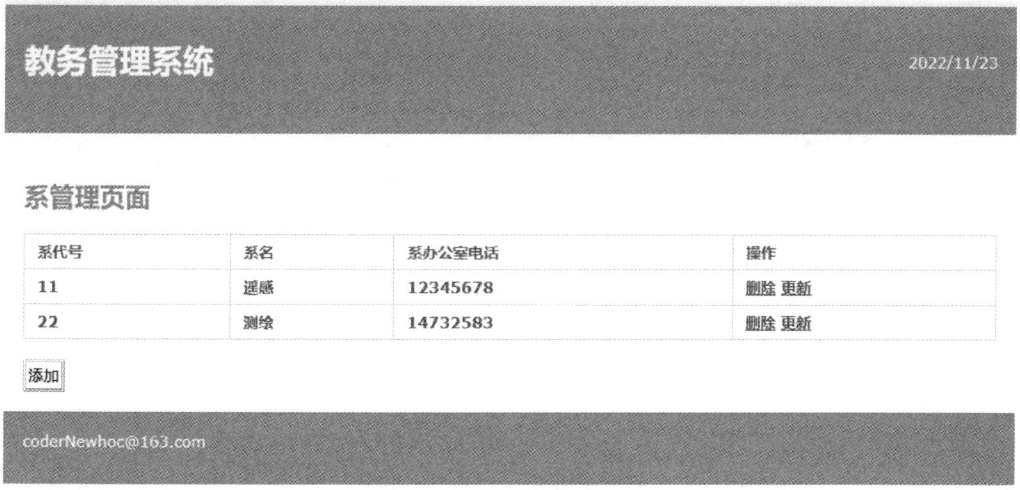

图 2.5.27　系管理页面

(10)添加系信息界面。点击“添加”,能够及时添加和更新系信息,如图 2.5.28 所示。

教务管理系统
2022/11/23
添加系信息:
系代号:
系名:
系办公室电话:
确认添加
返回列表
coderNewhoc@163.com

图 2.5.28 添加系信息界面

(11)班级管理页面如图 2.5.29 所示。

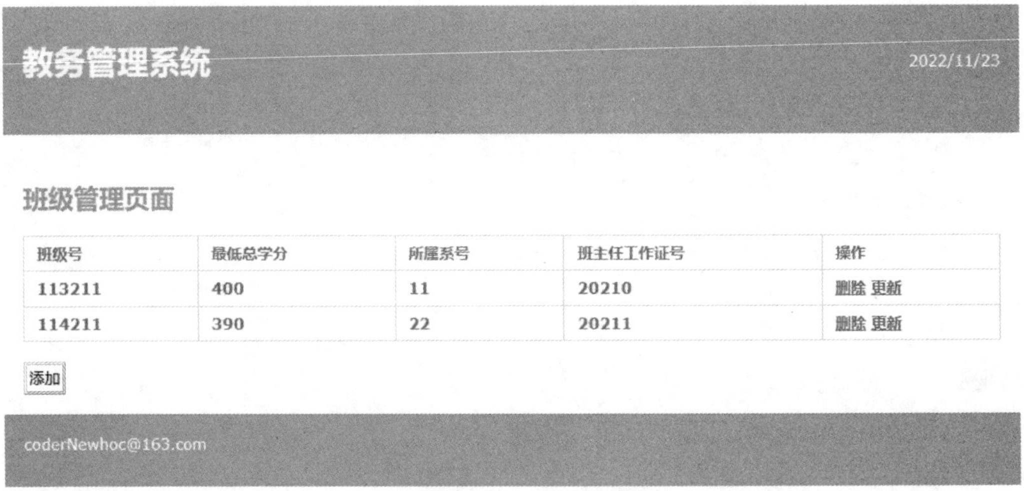
教务管理系统
2022/11/23
班级管理页面
班级号
最低总学分
所属系号
班主任工作证号
操作
113211
400
11
20210
删除 更新
114211
390
22
20211
删除 更新
添加
coderNewhoc@163.com

图 2.5.29 班级管理页面

(12) 添加班级信息界面。点击"添加",能够添加和更新班级信息,如图 2.5.30 所示。

图 2.5.30　添加班级信息界面

(13) 教师课程表管理页面如图 2.5.31 所示。

图 2.5.31　教师课程表页面

(14)添加教师课程表信息界面。点击"添加",添加教师的课程信息,如图 2.5.32 所示。

图 2.5.32　添加教师课程表信息界面

主要参考文献

刘福江,林伟华,郭艳,等,2017.数据库课程设计与开发实操[M].北京:科学出版社.

刘金岭,冯万利,周泓,等,2009.数据库系统课程设计[M].北京:清华大学出版社.

刘金岭,冯万利,周泓,等,2013.数据库系统及应用实验与课程设计指导[M].北京:清华大学出版社.

刘瑜,刘胜松,2018.NoSQL 数据库入门与实践(基于 MongoDB,Redis)[M].北京:科学出版社.

刘瑜,刘胜松,2023.NoSQL 数据库入门与实践(基于 MongoDB,Redis)[M].2 版.北京:科学出版社.

秦婧,刘存勇,2013.零点起飞学 MySQL[M].北京:清华大学出版社.

王珊,萨师煊,2013.数据库系统概论[M].4 版.北京:高等教育出版社.

王珊,萨师煊,2014.数据库系统概论[M].5 版.北京:高等教育出版社.

王珊,张俊,2015.数据库系统概论-习题解析与实验指导[M].5 版.北京:高等教育出版社.

周爱武,汪海威,2012.数据库课程设计[M].北京:机械工业出版社.